数学の盲点と解明

Dim と Rank に泣く

石 谷 茂 著

現 代 数 学 社

まえがき

盲点集も，いつの間にか4冊目を迎えることになった．今回は線型代数に関するものが中心である．線型代数の初歩的盲点といえば，線型空間の次元 (dim) と行列の階数 (rank) を思い出されよう． それらの基礎はベクトルの1次従属と，その否定に当たる1次独立である．これが，意外と，学生には分りにくいものらしい．

その理由は，おそらく1次従属が存在命題によって定義され，1次独立が条件文の形の全称命題で定義されるためであろう．

しかも，これらの概念で dim や rank を明かにしようとすると，必ず越えなければならない峠のような定理を用いることがおきる．この定理の証明はいろいろあり，しかも，それらの証明は線型代数を学ぶ論理体系と深く結びついていることが最大の盲点といえよう．

本書の役割は，端的にいえば，この盲点の周辺を解き明すことである．その積りで，本書を読んで頂けたらと思う．

書名は従来どうり“□と○に泣く”とした．泣くほどつらいところをパッと笑いに転ずる自負心があるわけではない．もっと気楽に，数学の中の“泣き笑い”とでもいうべきか．人生には浮き沈みがあるように，数学の学習にも浮き沈みがある．“沈めばやがて浮くときあり”と，気長に生きて，いや，学んでいきたいものである．

著　者

目　　次

1
Yes man あり No man あり

「ベクトルに …… 1次従属と独立というのがあるが，あれは，何のために考えるのです？」
「なんのため！ そういう質問は苦手だ．なんのために生きる，なんのために数学を学ぶ，なんのために酒をのむ …… 君は答えられるのかね」
「まあね，落語的でよければ，一応は ……」
「そうか．落語的でもよいのか．そんなら僕も気楽だ．当らずといえども遠からず，というのをね」
「気やすめでも結構，藪から棒よりは ……」
「ベクトル空間も人の世も似たようなもの．ドングリの背くらべではね …… 勝手なことのいいほうだい ……治まりませんですよ．そこで，委員長のように長となる人を選んで，それに従う．政治家の派閥のように，自分で子分を集め，自分がボスになる場合もあるけどね」
「日本とアメリカ，東欧諸国とソ連 …… これはもう宿命的ですね」
「いろいろあるが，人の世の組織は，人間どうしの結びつきです．ベクトルでも，何か組織のようなものを作ろうとすると，ベクトルどうしの結びつきを考えなければならない」
「ベクトルの結びつきね」
「そう結びつきです．では，その結びつきを何によって作るか．タネのないところに芽は出ない．材料と道具がなければモノは作れない」
「ベクトルは材料 …… 道具は？」
「演算を道具とみては …… ベクトルが空間になるのは，もっぱら演算のおかげですからね」
「ベクトルの演算といえば，加法とスカラー倍 …… さらに内積？」
「いや，内積はなくたって，加法とスカラー倍があれば，ベクトル空間としては１人前です．さしあたり，実ベクトルに話をしぼっておくならば，スカラー倍は実数倍で十分」
「２つの演算を道具として，どんな結びつきを作るのです」
「作るというよりは，おのずと出来てしまう．たとえば，２つのベクトル $\boldsymbol{a}, \boldsymbol{b}$ に，加法と実数倍をジャンジャンやってごらん」
「$\boldsymbol{a}+\boldsymbol{b}, 3\boldsymbol{a}, 5\boldsymbol{b}, 3\boldsymbol{a}+5\boldsymbol{b}, (-2)\boldsymbol{b}, \boldsymbol{a}+(-2)\boldsymbol{b}, \cdots\cdots$」
もう行き止まりだ」
「いえ，$3\boldsymbol{a}+5\boldsymbol{b}$ と $\boldsymbol{a}+(-2)\boldsymbol{b}$ の和

$$(3\boldsymbol{a}+5\boldsymbol{b})+(\boldsymbol{a}+(-2)\boldsymbol{b})=4\boldsymbol{a}+3\boldsymbol{b}$$

なるほど．もう袋小路 ……」
「そこがたいせつ．２つの演算をどのような順序に，何回やろうと，結末は $l\boldsymbol{a}+m\boldsymbol{b}$ の形の式 …… そこで，これに呼び名をつけたい …… １次式だから $\boldsymbol{a}, \boldsymbol{b}$ の**１次結合**と ……」
「３つのベクトル $\boldsymbol{a}, \boldsymbol{b}, \boldsymbol{c}$ の１次結合は $l\boldsymbol{a}+m\boldsymbol{b}+n\boldsymbol{c}$ の形の式？」
「そう．ベクトルがいくつあっても同じこと」
「ベクトルが１つのときは？」
「もちろん．ベクトル $\boldsymbol{a}$ の１次結合は $l\boldsymbol{a}$ です」
「$\boldsymbol{a}$ をゼロベクトルとすると，l がどんな実数でも $l\boldsymbol{a}$ はゼロベクトルです．こんなものも１次結合とみるのですか」
「ゼロベクトルだって１人前のベクトルですよ．差別はよくない」
「差別とはおそれいった．含めるのですね」

× ×

これで準備完了 …… 1次結合という式があれば，いくつかのベクトルを結びつけるのはやさしい．たとえば，2つのベクトルを $\boldsymbol{a}, \boldsymbol{b}$ とし，第3のベクトルを $\boldsymbol{x}$ としよう」

「$\boldsymbol{x}$ を $\boldsymbol{a}, \boldsymbol{b}$ の1次結合で表す？」

「表せるかどうか分らない．もし表せたら表す」

「表せない場合があるのですか」

「調べてみることだ．たとえば $\boldsymbol{a}=(1,1,1)$, $\boldsymbol{b}=(1,-2,2)$, $\boldsymbol{x}=(2,-1,4)$ のとき」

「$\boldsymbol{x}=l\boldsymbol{a}+m\boldsymbol{b}$ をみたす l, m があるかどうかをみればよい．

$$(2,-1,4)=l(1,1,1)+m(1,-2,2)$$

$$l+m=2,\ l-2m=-1,\ l+2m=4$$

第1式と第2式から $l=1$, $m=1$，おや，これは第3式をみたさない．$\boldsymbol{x}$ は $\boldsymbol{a}, \boldsymbol{b}$ の1次結合で表せない」

「もし $\boldsymbol{a}, \boldsymbol{b}$ はそのままで $\boldsymbol{x}=(2,-1,3)$ であったらどうか」

「$l=1$, $m=1$ が解になるから $\boldsymbol{x}=\boldsymbol{a}+\boldsymbol{b}$ …… $\boldsymbol{x}$ は $\boldsymbol{a}, \boldsymbol{b}$ の1次結合で表される」

「表されたり，表されなかったり …… そこで，もし，$\boldsymbol{x}$ が $\boldsymbol{a}, \boldsymbol{b}$ の1次結合で表されるならば，$\boldsymbol{x}$ は $\boldsymbol{a}, \boldsymbol{b}$ の“ヒモつき”だ」

「自由にならない！」

「そう．ある事柄に関しては？」

「ある事柄？　それ，どんな事柄？」

「それは，あとで，分るのだが …… 現在でも，前の計算から分るように，$\boldsymbol{x}$ の成分は $\boldsymbol{a}, \boldsymbol{b}$ の成分によって制約される」

「第1成分と第2成分を定めれば，第3成分は，おのずから定まる？」

「要するに，3成分を勝手には選べない」

「だからヒモつき？」

「日本の防衛がそのよい例ですね．アメリカのヒモは当分とれそうにない」

「従属国ですよ」

「それに，あやかるわけではないが，ベクトルでも，$\boldsymbol{x}$ が $\boldsymbol{a}, \boldsymbol{b}$ の1次結合で表されるとき，$\boldsymbol{x}$ は $\boldsymbol{a}, \boldsymbol{b}$ に**1次従属**であるというのです」

「$\boldsymbol{x}$ が $\boldsymbol{a}, \boldsymbol{b}, \boldsymbol{c}$ の1次結合で表されるときは，$\boldsymbol{x}$ は $\boldsymbol{a}, \boldsymbol{b}\,\boldsymbol{c}$ に1次従属？」

「もちろん．ベクトルが何個でも同じです．成分が3つのベクトルでみると，どんなベクトルも，$\boldsymbol{a}=(1,0,0)$，$\boldsymbol{b}=(0,1,0)$，$\boldsymbol{c}=(0,0,1)$ に1次従属だ．その理由は？」

「やさしい．任意のベクトルを $\boldsymbol{x}=(x_1, x_2, x_3)$ とすると

$$
\begin{aligned}
\boldsymbol{x} &= (x_1, 0, 0)+(0, x_2, 0)+(0, 0, x_3)\\
&= x_1(1, 0, 0)+x_2(0, 1, 0)+x_3(0, 0, 1)\\
&= x_1\boldsymbol{a}+x_2\boldsymbol{b}+x_3\boldsymbol{c}
\end{aligned}
$$

ごらんの通り！」

「やさし過ぎた．ではクイズを1つ．どんなベクトルにも1次従属なベクトルがある．その変り者は，なに者か」

「ベクトルで変り者といえば…… ゼロベクトル……そうでしょう」

「山勘とはずるい．証拠は？」

「$\boldsymbol{0}=0\cdot\boldsymbol{a}=0\cdot\boldsymbol{a}+0\cdot\boldsymbol{b}=0\cdot\boldsymbol{a}+0\cdot\boldsymbol{b}+0\cdot\boldsymbol{c}$，いや，全く，自主性がゼロですね」

「だからゼロベクトルというのだ」

「人間なら yes man ですね」

「馬鹿にしていると，あとで泣かされるぞ．人間の能力は状況によって変る．ベクトルも同じで，ゼロベクトルが偉力を発揮する場面だってある．その一例が1次写像……」

「その楽しみは，まだ早そう」

× ×

「従属には，もっと民主的なのもある．先のは，$\boldsymbol{x}$ は $\boldsymbol{a}, \boldsymbol{b}$ に従属…… $\boldsymbol{a}, \boldsymbol{b}$ はボスで，$\boldsymbol{x}$ はその子分みたいであった」

「選挙や話合いによってボスを選び，それに従う．そんな感じの従属か」

「何人か集って株式会社を作るとみてもよい．たとえば，3つのベクトル $\boldsymbol{a}, \boldsymbol{b}, \boldsymbol{c}$ の間に $2\boldsymbol{a}+3\boldsymbol{b}-4\boldsymbol{c}=\boldsymbol{0}$ という関係があったとしよう．$\boldsymbol{a}$ は $\boldsymbol{b}, \boldsymbol{c}$ に ……」

「かきかえれば $\boldsymbol{a}=\left(-\frac{3}{2}\right)\boldsymbol{b}+2\boldsymbol{c}$，$\boldsymbol{a}$ は $\boldsymbol{b}, \boldsymbol{c}$ に1次従属」

「$\boldsymbol{b}, \boldsymbol{c}$ がボスに選ばれ，$\boldsymbol{a}$ これに従う．主客転倒も可能」

「$\boldsymbol{b}=\left(-\frac{2}{3}\right)\boldsymbol{a}+\frac{4}{3}\boldsymbol{c}$ …… $\boldsymbol{a}, \boldsymbol{c}$ がボスで，$\boldsymbol{b}$ これに従う．$\boldsymbol{c}=\frac{1}{2}\boldsymbol{a}+\frac{3}{4}\boldsymbol{b}$ …… $\boldsymbol{a}, \boldsymbol{b}$ がボスで，$\boldsymbol{c}$ これに従う．なるほどね」

「そこで，一般化へ．$\boldsymbol{a}, \boldsymbol{b}, \boldsymbol{c}$ の関係として $l\boldsymbol{a}+m\boldsymbol{b}+n\boldsymbol{c}=\boldsymbol{0}$ を考える」

「l, m, n はすべて0でない場合でしょう」

「たしかに，先の例はそうであった．しかし，それでは条件が少しばかり強過ぎる．人の世では，資力はないが頭の切れる人，資力はあるが頭の悪い人など，さまざまです．ベクトルも似たようなもの．ボスに向かないものもあろう．それで，条件をゆるめ l, m, n の中に0でないものがあるとするのです」

「なるほど．もし，l が0でないならば

$$\boldsymbol{a}=\left(-\frac{m}{l}\right)\boldsymbol{b}+\left(-\frac{n}{l}\right)\boldsymbol{c}$$

と書きかえ可能で …… $\boldsymbol{a}$ は $\boldsymbol{b}, \boldsymbol{c}$ に1次従属．もし，m が0でないならば

$$\boldsymbol{b}=\left(-\frac{l}{m}\right)\boldsymbol{a}+\left(-\frac{n}{m}\right)\boldsymbol{c}$$

と書きかえ可能で …… $\boldsymbol{b}$ は $\boldsymbol{a}, \boldsymbol{c}$ に1次従属．もし，n が0でないならば…… というように」

「そう．l, m, n の中に0でないものがあるならば，あるベクトルは残りのベクトルに1次従属になりうる」

「l, m, n がすべて0のときは？」

「そのときは，従属関係がないから除く．それで，一般に，l, m, n

の少くとも1つは0でない実数で

$$l\boldsymbol{a}+m\boldsymbol{b}+n\boldsymbol{c}=\boldsymbol{0}$$

のとき，$\boldsymbol{a}, \boldsymbol{b}, \boldsymbol{c}$ は**1次従属**であるということにするのです．ベクトルは何個でも同じ要領で ……」

「1つのベクトル $\boldsymbol{a}$ のときも？」

「もちろん．例外を避けるために …… しかし，このときの $\boldsymbol{a}$ はゼロベクトルになる」

「ああ，そうか．$l\boldsymbol{a}=\boldsymbol{0}$ で l は0でないから $\boldsymbol{a}=\boldsymbol{0}$ ……ゼロベクトルは相変らず油断できませんね」

「ベクトルも世の中と同じで，変り者がいないとおもしろくない」

「もし，$n=0$ ならば $l\boldsymbol{a}+m\boldsymbol{b}=\boldsymbol{0}$ …… $\boldsymbol{c}$ は消える．これでも $\boldsymbol{a}, \boldsymbol{b}, \boldsymbol{c}$ は1次従属 …… これでは，ちょっと抵抗を感じるが」

「$\boldsymbol{a}, \boldsymbol{b}, \boldsymbol{c}$ は最初に与えられ …… 従属かどうかを問題にしてるのですよ．見かけ上式からは消えようと頭からは消えない．気になるなら $l\boldsymbol{a}+m\boldsymbol{b}+0\cdot\boldsymbol{c}=\boldsymbol{0}$ とかいて，$\boldsymbol{c}$ を残しておいては ……」

「わかりました．x の1次方程式 $ax=b$ で，$a=0, b\neq0$ のとき $0\cdot x=b$ とかいて，x を残す．あの要領 ……」

「勘がいいね」

× ×

「1次従属は分った．この反語が1次独立ですか」

「反語，反対語は国語向き．数学では命題でみるから**否定**というのがよい．くわしくいえば，たとえば3つのベクトル

$\boldsymbol{a}, \boldsymbol{b}, \boldsymbol{c}$ は1次従属である

の否定は

$\boldsymbol{a}, \boldsymbol{b}, \boldsymbol{c}$ は1次従属でない

このとき，

$\boldsymbol{a}, \boldsymbol{b}, \boldsymbol{c}$ は**1次独立**である

というのです」

「じゃ，1次独立の条件を導くには，1次従属の条件を否定すればよ

い？」

「あたりまえだ．やってごらんよ」

「l, m, n は少くとも１つは０でない実数で $\boldsymbol{la}+\boldsymbol{mb}+\boldsymbol{nc} \neq \boldsymbol{0}$ ……」

「おや，やりましたね」

「おだてには乗りませんよ」

「よろこぶのは早い．失策のサンプルですぞ．１年ほど前ですが，文科系の大学の某先生のテキストを見てビックリした．君と全く同じことを書いてあったのですから」

「失策？　分りません．$\boldsymbol{la}+\boldsymbol{mb}+\boldsymbol{nc}=\boldsymbol{0}$ の否定は $\boldsymbol{la}+\boldsymbol{mb}+\boldsymbol{nc} \neq \boldsymbol{0}$ …… どこがおかしいのです」

「失策の源は …… １次従属の …… 論理的とらえ方の欠如 …… その対策は論理的にいいかえることです」

「論理的にいいかえる？　それどういうこと」

「自己批判すれば，いままでの表現は，あまりにも日常的であった．責任の半分は僕にもある．もう少し論理的にいえば……$\boldsymbol{a}, \boldsymbol{b}, \boldsymbol{c}$ が１次従属であるとは ……

$\boldsymbol{la}+\boldsymbol{mb}+\boldsymbol{nc}=\boldsymbol{0}$ をみたし，かつ $l=m=n=0$ をみたさない l, m, n がある．

どう，これならばはっきりするでしょう」

「でも，否定はかえって難しくなったよう」

「そうでもない．よく使う否定ですがね．$\boldsymbol{la}+\boldsymbol{mb}+\boldsymbol{nc}=\boldsymbol{0}$ をみたせば，必ず ……」

「ああ，そうか．$\boldsymbol{la}+\boldsymbol{mb}+\boldsymbol{nc}=0$ ならば，必ず $l=m=n=0$ となる，という条件文ですね」

$\boldsymbol{la}+\boldsymbol{mb}+\boldsymbol{nc}=\boldsymbol{0}$ ならば

$$l=m=n=0$$

「これが $\boldsymbol{a}, \boldsymbol{b}, \boldsymbol{c}$ が1次独立の条件です．くだいていえば …… $l\boldsymbol{a}+m\boldsymbol{b}+n\boldsymbol{c}=\boldsymbol{0}$ をみたす l, m, n があったとすると，それはすべて0だ」

「くだいていわれても“実例なくして実感なし”が僕のアタマ」

「そうか．では $\boldsymbol{a}=(1,1,0)$, $\boldsymbol{b}=(1,0,1)$, $\boldsymbol{c}=(0,1,1)$ に当ってみよう．1次独立かどうか？」

「$l\boldsymbol{a}+m\boldsymbol{b}+n\boldsymbol{c}=\boldsymbol{0}$ をみたす l, m, n があったとすると

$$l(1,1,0)+m(1,0,1)+n(0,1,1)=(0,0,0)$$
$$(l+m,\ l+n,\ m+n)=(0,0,0)$$
$$l+m=0,\ l+n=0,\ m+n=0$$

これを解いて $l=m=n=0$ …… 1次独立です」

「では，もう1つ．$\boldsymbol{a}=(1,1,0)$, $\boldsymbol{b}=(1,0,1)$, $\boldsymbol{c}=(0,1,-1)$ では？」

「$l(1,1,0)+m(1,0,1)+n(0,1,-1)=(0,0,0)$ となったとすると

$$(l+m,\ l+n,\ m-n)=(0,0,0)$$
$$l+m=0,\ l+n=0,\ m-n=0$$

これを解くと $m=-l$, $n=-l$ …… これをみたす l, m, n は無数にある …… ということは，必ずしも $l=m=n=0$ でなくてよい．1次独立でないから1次従属」

× ×

「最後の仕上げへ …… 1次従属なベクトルは人の世でみれば，yes man のおる人の集り．ところで yes man の反語は？」

「no man」

「隅におけない …… 君は」

「恥しい．まぐれ当りですよ」

「たしかにありましたね．no man …… アメリカの俗語に …… 人のいうこと容易にきかない頑固者 ……」

「1次独立なベクトルの集りを，no man の集り ……とみるのはどう」

「うまい．このたとえならば，ベクトルの集合で，全体の 従属・独立

と部分の従属・独立がうまく説明できそうだ」

「全体と部分というと？」

「たとえば $\boldsymbol{a}, \boldsymbol{b}, \boldsymbol{c}$ が1次独立のとき，その一部分の $\boldsymbol{a}, \boldsymbol{b}$ は1次独立か，その逆はどうか，というようなこと」

「僕が予想してみる．当るも八卦，当らぬも八卦 …… no man の集りなら，その一部分だって no man の集り …… そこで，$\boldsymbol{a}, \boldsymbol{b}, \boldsymbol{c}$ が1次独立ならば，$\boldsymbol{a}, \boldsymbol{b}$ も1次独立 ……」

「お見事 …… ついでに，その証明も ……」

「$l\boldsymbol{a}+m\boldsymbol{b}=\boldsymbol{0}$ とすると …… $l=m=0$ となることをいいたい．それには？？」

「ちょっとしたくふう．$0\cdot\boldsymbol{c}$ を補う」

「なんだ．そうか．$l\boldsymbol{a}+m\boldsymbol{b}+0\cdot\boldsymbol{c}=\boldsymbol{0}$ …… 仮定により $\boldsymbol{a}, \boldsymbol{b}, \boldsymbol{c}$ は1次独立だから係数はすべて0 …… そこで $l=m=0$」

「次に1次従属のほうは？」

「全体の中に yes man おれば …… その一部分にも yes man おり …… そこで ……」

「待った．軽率ですぞ．その判断は …… 日本人に天才がいたって，僕たち天才かね」

「ヘヘイ …… じゃ逆だ．部分に yes man がおれば，全体には当然 yes man がおる …… そこで，$\boldsymbol{a}, \boldsymbol{b}$ が1次従属ならば，$\boldsymbol{a}, \boldsymbol{b}, \boldsymbol{c}$ も1次従属」

「その調子で，ついでに証明を ……」

「$\boldsymbol{a}, \boldsymbol{b}$ が1次従属ならば，$l\boldsymbol{a}+m\boldsymbol{b}=\boldsymbol{0}$ をみたし，少くとも1つは0でない l, m がある．そこで …… そうか，前のように $0\cdot\boldsymbol{c}$ を補うと $l\boldsymbol{a}+m\boldsymbol{b}+0\cdot\boldsymbol{c}=\boldsymbol{0}$ …… $l, m, 0$ のうち少くとも1つは0でない，は当りまえ」

「従属と独立は否定であった．これは，いまやったことに，結びつくはずですが」

「自然な予想ですね，整理してからくらべてみるよ．

$\boldsymbol{a}, \boldsymbol{b}, \boldsymbol{c}$ は 1 次独立 → $\boldsymbol{a}, \boldsymbol{b}$ は 1 次独立

$\boldsymbol{a}, \boldsymbol{b}$ は 1 次従属 → $\boldsymbol{a}, \boldsymbol{b}, \boldsymbol{c}$ は 1 次従属

ほう．これは愉快 …… 互に対偶です」

「ということは，2つは同値 …… つまり，一方は他方をいいかえたに過ぎない」

× ×

「ベクトルも，こんな学び方なら楽しい」

「概念構成の順序を振り返っておこう．まあ，こんな図になりそうだ」

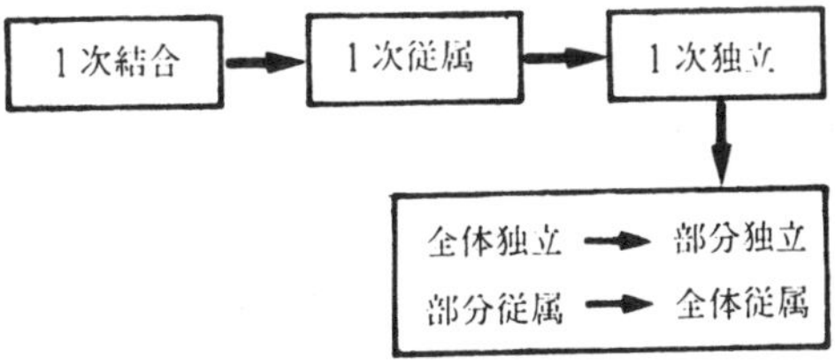

「従属と独立を，否定の関係としてとらえる …… しかも系統的に …… そこが僕にはすごく魅力的であった」

「それも考慮すれば構成は立体的だ．否定を境として，従属と独立は対称的に並び立つ．こんな図解はどうです」

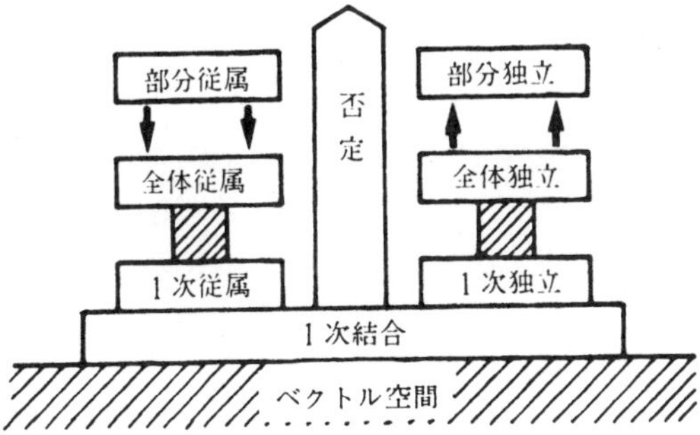

「振り返ると否定の失敗は痛かった」

「失敗の痛みをかみ締めなければno man からnobleman へ止揚は不可能」
「ベクトルの yes man 氏と no man 氏とは親しく付き合った．nobleman 氏の登場を期待しよう」
「君の最初の問に本当に答えてくれるのが nobleman 氏の話題なのだが …… それは，あとの楽しみ ……」

2
独立・従属の関が原

「いま，どこを勉強中か」

「ベクトルの1次従属・独立の2時限目 …… 手ごわい定理に出会い，弱ってるところ」

「どんな定理か」

「思い出せるかな …… n 個のベクトルがあるとき，その1次結合を $(n+1)$ 個作ると，それらは1次従属である …… 確か，こんな定理です」

「ははー，それなら証明は楽でない．同情するよ．しかし，この定理は，1次従属・独立では関が原のようなもの …… 軽くあしらうわけにはいかない」

「この定理はあとで何に使うのです？」

「ベクトル空間に次元を考えるとき …… しかし，いまは足もとを固めるべきです．君は先々のことが気になる性ですね．それでは小説もまともに読めまい．ヒロインはハッピィエンド？　それとも判官びいき？」

「僕は単純，結末がスカッとすればよいのです」

「それなら，君のアタマは数学向き．準備でさんざん苦労し …… 最後に重要な定理を証明してスカッ …… これが数学ですからね．ところで，君がもてあましている証明は，どんな方法か」

「数学的帰納法です．講義のノートはあるが，読み返しても，さっぱりです」

「そうか，そういうときはね ……」

「名案，あるのですか」

「僕なら，まず，帰納的にやってみるね」

「帰納的？　帰納法と違うのですか」

「違う …… 僕にとっては ……．僕が帰納的というのは，n が $1, 2, 3, \cdots$ の場合を順に証明してゆくのです」

「その証明は，どこまでいっても終らないでしょう」

「だから，適当なところで止める」

「そんなの証明？」

「止め方次第ですね」

「身勝手な証明ですね」

「いいですか．勉強というのはね，なにもかも馬鹿正直にやるべきものではない．一般の場合の証明の仕方がはっきり見透せたら，止めればよいのだ」

「数学帰納法で一般の場合とは？」

「きまっているでしょう．k のときを仮定し，$k+1$ の場合を導くこと」

「ようやく分った．$n=1$ の場合，それをもとにして $n=2$ の場合へ，それをもとにして $n=3$ の場合へ …… 繰り返しているうちに，一般の場合の証明の見当がつく……」

「そう．そうなったら止める．一般の場合は見当がついたのだから，何も，事改めて，やることはない」

「なるほど，先生らしい勉強法ですね」

「学生対象に …… 何度もテスト済みだ．僕のいう通りにやってみることです」

×　　　　×

「さっそくやってみます．与えられた n 個のベクトルは $\boldsymbol{a}_1, \boldsymbol{a}_2, \cdots, \boldsymbol{a}_n$ で表し，その1次結合は $\boldsymbol{b}_1, \boldsymbol{b}_2, \cdots, \boldsymbol{b}_n, \boldsymbol{b}_{n+1}$ で表すことにします．

$n=1$ のとき　与えられたベクトルは $\boldsymbol{a}_1$ 1つ．1次結合は2つだから，それを

$$\boldsymbol{b}_1=l\boldsymbol{a}_1,\quad \boldsymbol{b}_2=m\boldsymbol{a}_1$$

とする．$\boldsymbol{b}_1, \boldsymbol{b}_2$ が1次従属であることを示したい．それには $\square\boldsymbol{b}_1+\square\boldsymbol{b}_2=\boldsymbol{0}$ をみたす係数がほしい．それには $\boldsymbol{a}_1$ を消去すればよさそう．

$$m\boldsymbol{b}_1-l\boldsymbol{b}_2=\boldsymbol{0}$$

l, m がともに0ではダメ？」

「$l=m=0$ ならば $\boldsymbol{b}_1=\boldsymbol{b}_2=\boldsymbol{0}$ だから $\boldsymbol{b}_1,\boldsymbol{b}_2$ は1次従属ですよ」

「そうか．分った．l, m の少くとも一方が0でないときは上の式から $\boldsymbol{b}_1, \boldsymbol{b}_2$ は1次従属．なんだ，分ってしまえばやさしい．

$n=2$ のとき　与えられたベクトルは $\boldsymbol{a}_1, \boldsymbol{a}_2$ の2つ．1次結合は3つ．それを

$$\boldsymbol{b}_1=l_1\boldsymbol{a}_1+l_2\boldsymbol{a}_2 \qquad ①$$

$$\boldsymbol{b}_2=m_1\boldsymbol{a}_1+m_2\boldsymbol{a}_2 \qquad ②$$

$$\boldsymbol{b}_3=n_1\boldsymbol{a}_1+n_2\boldsymbol{a}_2 \qquad ③$$

とおいてみる．もう，こうなるとやさしい」

「$n=1$ のときを使うには $\boldsymbol{a}_1$ か $\boldsymbol{a}_2$ を消去すればよい．それには①, ②, ③のどれか1つを $\boldsymbol{a}_1$ について解き，残りに代入すればよい．さて，どれについて解くか？」

「$\boldsymbol{a}_1$ の係数が0でないものです．しかし，みんな0のこともある」

「場合を分けては　$l_1=m_1=n_1=0$　のときと，そうでないとき ……」

「l_1, m_1, n_1 がすべて0ならば，$\boldsymbol{b}_1, \boldsymbol{b}_2, \boldsymbol{b}_3$ は $\boldsymbol{a}_2$ の1次結合 …… $n=1$ のときから $\boldsymbol{b}_1, \boldsymbol{b}_2$ は1次従属，$\boldsymbol{b}_1, \boldsymbol{b}_2, \boldsymbol{b}_3$ は …… ？」

「すでに学んだはず．部分が1次従属ならば全体もそうである …… というのを」

「思い出した．$\boldsymbol{b}_1, \boldsymbol{b}_2$ が1次従属ならば，$\boldsymbol{b}_1, \boldsymbol{b}_2, \boldsymbol{b}_3$ も1次従属．次は，もっと知的な話だ」

…… どれを0でないとしても同じ …… l_1 が0でないとしておこう．

$$②-①\times\frac{m_1}{l_1}\qquad \boldsymbol{b}_2-\frac{m_1}{l_1}\boldsymbol{b}_1=\left(m_2-\frac{m_1}{l_1}l_2\right)\boldsymbol{a}_2$$

$$③-①\times\frac{n_1}{l_1}\qquad \boldsymbol{b}_3-\frac{n_1}{l_1}\boldsymbol{b}_1=\left(n_2-\frac{n_1}{l_1}l_2\right)\boldsymbol{a}_2$$

だんだん煩雑な式になる」

「それは見掛上のこと．係数を別の文字で表してしまえば，消去前よりは簡単 …… たとえば

$$\boldsymbol{b}_2-h_1\boldsymbol{b}_1=k_1\boldsymbol{a}_2$$

$$\boldsymbol{b}_3-h_2\boldsymbol{b}_1=k_2\boldsymbol{a}_2$$

と表してごらん．証明に支障はない．右辺は１つのベクトル $\boldsymbol{a}_2$ の１次結合ですよ」

「そうか．それで $n=1$ のときが使える．少くとも１つは0でない λ_1, λ_2 に対し

$$\lambda_1(\boldsymbol{b}_2-h_1\boldsymbol{b}_1)+\lambda_2(\boldsymbol{b}_3-h_2\boldsymbol{b}_1)=0$$

これを書きかえて

$$(-\lambda_1h_1-\lambda_2h_2)\boldsymbol{b}_1+\lambda_1\boldsymbol{b}_2+\lambda_2\boldsymbol{b}_3=\boldsymbol{0}$$

$\boldsymbol{b}_1, \boldsymbol{b}_2, \boldsymbol{b}_3$ が１次従属であることをいいたい」

「もう出来たようなもの．式は簡単に見えるものほどよい．$\boldsymbol{b}_1$の係数を λ_0 で表しては」

「$\lambda_0\boldsymbol{b}_1+\lambda_1\boldsymbol{b}_2+\lambda_2\boldsymbol{b}=\boldsymbol{0}$ …… なんだ，λ_1, λ_2 に0でないものがあるのだから $\lambda_0, \lambda_1, \lambda_2$ に0でないものがあるのは当り前 …… そこで $\boldsymbol{b}_1$, $\boldsymbol{b}_2, \boldsymbol{b}_3$ は１次従属」

「証明の要領が見える頃と思うが ……」

「おぼろげながら …… でも自信はない」

「そうか．それなら，要心して …… n が3の場合を ……」

「挑戦しよう．**$n=3$ のとき**

$$\boldsymbol{b}_1=l_1\boldsymbol{a}_1+l_2\boldsymbol{a}_2+l_3\boldsymbol{a}_3$$

$$\boldsymbol{b}_2=m_1\boldsymbol{a}_1+m_2\boldsymbol{a}_2+m_3\boldsymbol{a}_3$$

$$\boldsymbol{b}_3=n_1\boldsymbol{a}_1+\cdots\cdots$$

」

「ちょっと待った．係数の文字をかえたのでは一般化の障害になる．文字を固定し，サフィックスを２重にしては ……」

「芸がこまかいですね．

$$\boldsymbol{b}_1=l_{11}\boldsymbol{a}_1+l_{12}\boldsymbol{a}_2+l_{13}\boldsymbol{a}_3 \qquad ①$$

$$\boldsymbol{b}_2=l_{21}\boldsymbol{a}_1+l_{22}\boldsymbol{a}_2+l_{23}\boldsymbol{a}_3 \qquad ②$$

$$\boldsymbol{b}_3=l_{31}\boldsymbol{a}_1+l_{32}\boldsymbol{a}_2+l_{33}\boldsymbol{a}_3 \qquad ③$$

$$\boldsymbol{b}_4=l_{41}\boldsymbol{a}_1+l_{42}\boldsymbol{a}_2+l_{43}\boldsymbol{a}_3 \qquad ④$$

正直に，全部かいてみた」

「$n=2$ の場合の証明を思い出しながら …… $\boldsymbol{a}_1$ の係数で場合分け ……」

「$\boldsymbol{a}_1$ の係数がすべて０のときは，$\boldsymbol{b}_1, \boldsymbol{b}_2, \boldsymbol{b}_3$ は２つのベクトル $\boldsymbol{a}_2, \boldsymbol{a}_3$ の１次結合だから …… $n=2$ のときによって１次従属 …… したがって $\boldsymbol{b}_4$ を追加した $\boldsymbol{b}_1, \boldsymbol{b}_2, \boldsymbol{b}_3, \boldsymbol{b}_4$ も１次従属．次に $\boldsymbol{a}_1$ の係数に０でないものがあるときは …… たとえば $l_{11}\neq 0$ とすると，①を $\boldsymbol{a}_1$ について解き残りに代入し消去できる．それを加減法でやる．

$$②-①\times\frac{l_{21}}{l_{11}} \qquad \boldsymbol{b}_2-\frac{l_{21}}{l_{11}}\boldsymbol{b}_1=\left(l_{22}-\frac{l_{21}}{l_{11}}l_{12}\right)\boldsymbol{a}_2+\cdots\cdots$$

そうだ．係数を置きかえよう．

$$\boldsymbol{b}_2-k_{11}\boldsymbol{b}_1=k_{12}\boldsymbol{a}_2+k_{13}\boldsymbol{a}_3$$

同様にして

$$\boldsymbol{b}_3-k_{21}\boldsymbol{b}_1=k_{22}\boldsymbol{a}_2+k_{23}\boldsymbol{a}_3$$

$$\boldsymbol{b}_4-k_{31}\boldsymbol{b}_1=k_{32}\boldsymbol{a}_2+k_{33}\boldsymbol{a}_3$$

右辺は２つのベクトル $\boldsymbol{a}_2, \boldsymbol{a}_3$ の１次結合 …… したがって１次従属 …… そこで

$$\lambda_2(\boldsymbol{b}_2-k_{11}\boldsymbol{b}_1)+\lambda_3(\boldsymbol{b}_3-k_{21}\boldsymbol{b}_1)+\lambda_4(\boldsymbol{b}_4-k_{31}\boldsymbol{b}_1)=\boldsymbol{0}$$

$\lambda_2, \lambda_3, \lambda_4$ には０でないものがある．

これを書きかえる．$\boldsymbol{b}_1$ の係数は面倒だから λ_1 で表すならば

$$\lambda_1\boldsymbol{b}_1+\lambda_2\boldsymbol{b}_2+\lambda_3\boldsymbol{b}_3+\lambda_4\boldsymbol{b}_4=\boldsymbol{0}$$

さらに，$\lambda_1, \lambda_2, \lambda_3, \lambda_4$ に０でないものがあることも明らか．$\boldsymbol{b}_1, \boldsymbol{b}_2, \boldsymbol{b}_3, \boldsymbol{b}_4$ は１次従属」

「慎重にやりましたね．文字の使い方もさることながら，サフィックスの使い方も申分ない．一般化の自信は……」

「ハイ，バッチリ」

「バッチリね．これが，僕の学び方 …… 帰納的方法です」

$n=1$ のときの証明	出発点 …… 先は暗闇
↓	
$n=2$ のときの証明	一般化がおぼろげながら見えたのは幸運
↓	
$n=3$ のときの証明	一般化の原理をつかむため，表現をくふうする
↓	
一般のときの証明	$n=k-1$ のときを仮定し， $n=k$ のときを証明．しかしやるまでもないのがミソ

この学び方の原則は“形式よりも実質”です」

「実利主義ですね．“名よりも富”…… 商人の生き方？」

「商人だって分らんよ．富にあきれば名や権力を欲しがるのは，世の東西を問わない．これが歴史の教訓 ……僕のは，もっと知的な話だ」

「さあ！ どうですかね．“知よりも富”が当世の話題 …… 新聞の三面記事を賑わしていますが」

「君も人が悪い．二三の例で一般に …… は統計的でない」

「でも，先生の学び方 …… 二三の例で一般化ですが」

「君は評論家向きだ．いや政治家か …… 負けたよ」

×　　　　×

「定理を終ったところで応用を知りたい」

「では，定理の偉力がうかがえて簡単なものを ……．成分が３つのベクトル空間 V …… その要素のうち $\boldsymbol{e}_1=(1,0,0)$，$\boldsymbol{e}_2=(0,1,0)$，$\boldsymbol{e}_3$

$=(0,0,1)$ は明らかに1次独立です．そして，任意の要素 $\boldsymbol{x}=(x_1, x_2, x_3)$ は

$$\boldsymbol{x}=x_1\boldsymbol{e}_1+x_2\boldsymbol{e}_2+x_3\boldsymbol{e}_3$$

となって，$\boldsymbol{e}_1, \boldsymbol{e}_2, \boldsymbol{e}_3$ の1次結合で表わされる．そこで定理を使うと，V の4つのベクトルはすべて1次従属 …… そこで当然4つより多くのベクトルも1次従属 ……」

「なるほど．そうだとすると，Vには1次独立なる3つのベクトルはあるが，4つ以上のベクトルはないですね」

「そう．1次独立なベクトルの最大数は3 …… ベクトル空間Vの次元とは，この3のことで，$\dim V=3$ とかく．次元のことは，いずれ話題になることがある．次元はベクトル空間の拡がりを示す指標のようなものです」

「苦労のすえ証明した定理の応用をみて楽しかった」

3
張って張られて……部分空間

「部分空間とあると，急に高級な数学をやっているような気分になるから妙です」

「数学も多分にレトリック的でね」

「あれ，要するにルーツをたどれば直線や平面でしょう」

「その一般化です．ベクトルは成分の数を増すことによって4次元，5次元と一般化してゆくから，その一部分が直線と平面だけでは足りない．数学のレトリックの源は必然的とでもいうべきか，止むを得ざる対策として生れたコトバの体系で …… コマーシャルの造語とはわけが違う」

「ベクトル空間Vの部分空間Wとは，要するに，Vの一部分で，ベクトル空間になるもののことでしょう」

「もちろん」

「それなのに，定義はそうなっていない．どの本にも，加法と実数倍について閉じている部分集合とかいてあるようだ．

(1)　$\boldsymbol{a}\in W,\ \boldsymbol{b}\in W \rightarrow \boldsymbol{a}+\boldsymbol{b}\in W$

(2)　$k\in R,\ \boldsymbol{a}\in W \rightarrow k\boldsymbol{a}\in W$

なぜ，これを定義にとるのですか」

「そう言われてみると，そうですね．悪しき伝統，いや慣習かな …… どちらを定義としても，結果においては同じではあるが」

「結果が同じといっても，証明して分ること．僕のように初めて学ぶ者には親切と思えないが」

「そんなら君が，気にいるようにかえたらよいではないか．部分空間の定義はVの部分集合で，ベクトル空間になるものときめ，先の2つを，Vの部分集合Wが部分空間になるための必要十分条件に格下げしては ……」

「僕の力では無理ですよ」

「若者に似ず気が弱いね．学ぶ者には学ぶ者としての主張があっていいと思うが」

「僕たちは大学の体制破壊は得意だが，学問のこととなると自信がない」

「弱い者いじめは甘ったれのすることだ．数学へのゲバなら尊敬するが ……」

「姿なきゲバですね．そんなのは ……」

「偉そうなことをいう暇があったら必要十分条件であることを証明してごらん．先の2つの条件が ……」

「結合法則，交換法則， …… 法則はいろいろあるが，Wでもすべて成り立つ」

「なぜ！」

「あたりまえ過ぎて …… いいようがない」

「じょうだんでしょう．あたりまえなら，説明は一層楽なはず」

「全体で成り立つことは，部分でも成り立つ」

「それで説明した積りか．たとえば空間の2直線は垂直でも交わるとは限らないが，その一部分である平面では，垂直な2直線は必ず交わる．君の推論はムードの域を出ない．たとえば，加法の結合法則で，けちのつけようのない説明をやってごらん」

「Wに属する3つのベクトルを $\boldsymbol{a}, \boldsymbol{b}, \boldsymbol{c}$ とすると，これらのベクトルはV にも属す．V では結合法則が成り立つ．だから

$$(\boldsymbol{a}+\boldsymbol{b})+\boldsymbol{c}=\boldsymbol{a}+(\boldsymbol{b}+\boldsymbol{c})$$

は当然」

「前の説明と何の変りもない．仮定 (1), (2) を全く使わないで気にならないのかね．$\boldsymbol{a}, \boldsymbol{b}, \boldsymbol{c}$ は W に属しても，$\boldsymbol{a}+\boldsymbol{b}$, $(\boldsymbol{a}+\boldsymbol{b})+\boldsymbol{c}$ などが W の外では，その法則が W の中で成り立ったことにはならない．V で成り立ったことにはなるが ……」

「へへ …… 参った．でも，その厳しさが気に入った．仮定 (1) によ

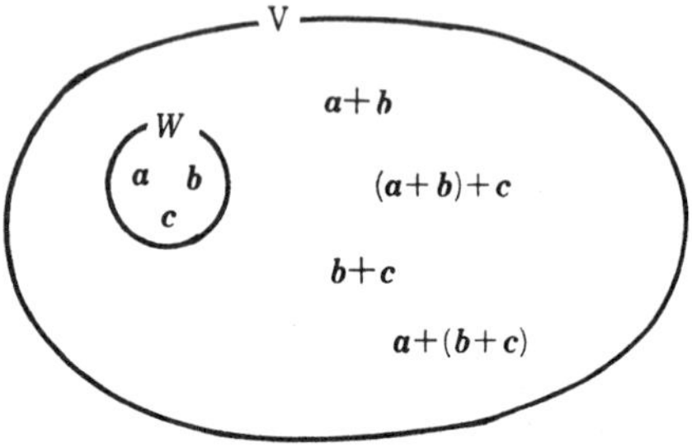

って $\boldsymbol{a}+\boldsymbol{b}$, $\boldsymbol{b}+\boldsymbol{c}$ は W に属す．さらに (1) によって $(\boldsymbol{a}+\boldsymbol{b})+\boldsymbol{c}$, $\boldsymbol{a}+(\boldsymbol{b}+\boldsymbol{c})$ も W に属す．W に属せば V に属す．V では結合法則が成り立つから $(\boldsymbol{a}+\boldsymbol{b})+\boldsymbol{c}=\boldsymbol{a}+(\boldsymbol{b}+\boldsymbol{c})$ …… 自信ないが ……」

「当然とか，自明とかを，大臣の“前向きに善処します”なみに使うものじゃない．数学と政治は心理的には別の空間ですよ」

「押されっぱなしで，自信喪失 …… でも，ここで退き下っては男性失格 …… 最後の証明 …… 減法可能に取り組むよ．$\boldsymbol{a}, \boldsymbol{b}$ が W に属すとき $\boldsymbol{a}-\boldsymbol{b}$ も W に属すことをいえばよい． 減法は加法の逆演算だから $\boldsymbol{a}-\boldsymbol{b}=\boldsymbol{x}$ とおいて $\boldsymbol{b}+\boldsymbol{x}=\boldsymbol{a}$ をみたす $\boldsymbol{x}$ が W に属することをいえばよい．$\boldsymbol{a}, \boldsymbol{b}$ が W に属せば $\boldsymbol{x}$ も……？」

「また行詰りだ．加法について閉じていることから，その逆算減法について閉じていることは出ない．自然数がそのよい例だ．自然数は減法については閉じていない．これが生きた証人だ」

「そうか．そこを切り抜けるための仮定が (2) ですね．分った．

$$\boldsymbol{a}-\boldsymbol{b}=\boldsymbol{a}+(-\boldsymbol{b})=\boldsymbol{a}+(-1)\boldsymbol{b}$$

$\boldsymbol{b}$ は W に属するから (2) によって $(-1)\boldsymbol{b}$ は W に属し…… (1) によって $\boldsymbol{a}+(-1)\boldsymbol{b}$ は W に属す．結局 $\boldsymbol{a}-\boldsymbol{b}$ は W に属す．やれやれ」

「やさしいようで，実際にやってみると，むずかしいものだろう．ムードで自己満足は数学を学ぶ態度でない」

× ×

「部分空間の定義 …… いや，必要十分条件を，1つにまとめて

$$(3)\quad \begin{cases} \boldsymbol{a}, \boldsymbol{b} \in W \\ h, k \in R \end{cases} \rightarrow h\boldsymbol{a}+k\boldsymbol{b} \in W$$

としたのがあるが ……」

「そのほうが手数がはぶける．それに (1), (2) は (3) と同値です」

「それだけのこと？」

「視野が拡まった感じもする．$h\boldsymbol{a}+k\boldsymbol{b}$ は $\boldsymbol{a}, \boldsymbol{b}$ の1次結合．したがって，部分空間は1次結合について閉じている部分集合と見直すこともできる」

「必然的レトリックとはそのこと？」

「まあ，ね．さらに一般化し

$$\boldsymbol{a}_1, \boldsymbol{a}_2, \cdots, \boldsymbol{a}_r \in W \text{ のとき}$$
$$k_1\boldsymbol{a}_1+k_2\boldsymbol{a}_2+\cdots+k_r\boldsymbol{a}_r \in W$$

とすれば，充実感を味合えるだろう．1次結合はベクトル空間の演算総括ですからね」

「1次結合を線型結合ともいうのは？」

「(1), (2) を演算の線型性ともいうからです．この線型性の結合が1次結合 …… そこでまたの名が線型結合なのだ．線型性の本番は写像 …… 線型写像を学べば視野が拡まる．しかし，それを待たずとも，ベクトルで張る空間がある．講義にもあったと思うが」

「先週習ったばかりです」

「あの理論には，ちょっとした美しさがある」

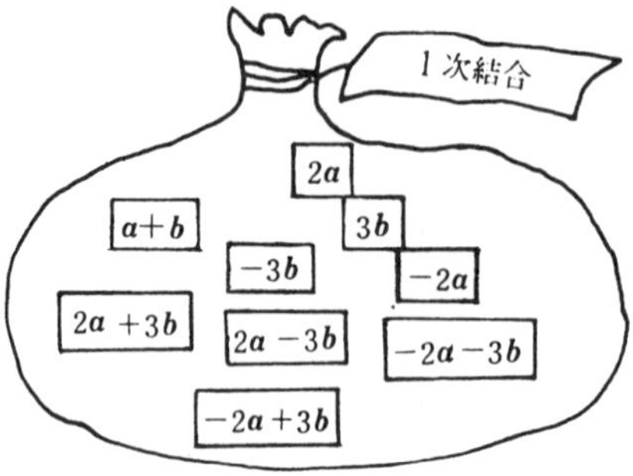

「美しさまではいかないが……」

× ×

「この理論の出発点は，V_n に属するベクトルの組を $\{\boldsymbol{a}_1, \boldsymbol{a}_2, \cdots, \boldsymbol{a}_r\}$ とするとき，この1次結合の全体 W が部分空間を作ることです．ベクトルは何個でも同じ …… 3個で学べば十分です．

$$W=\{\lambda_1\boldsymbol{a}_1+\lambda_2\boldsymbol{a}_2+\lambda_3\boldsymbol{a}_3 \mid \lambda_1, \lambda_2, \lambda_3 \in R\}$$

W が部分空間になることを，③ によって証明してごらん」

「W の2つの1次結合を

$$\boldsymbol{x}=\lambda_1\boldsymbol{a}_1+\lambda_2\boldsymbol{a}_2+\lambda_3\boldsymbol{a}_3$$

$$\boldsymbol{y}=\mu_1\boldsymbol{a}_1+\mu_2\boldsymbol{a}_2+\mu_3\boldsymbol{a}_3$$

とすると

$$h\boldsymbol{x}+k\boldsymbol{y}=(h\lambda_1+k\mu_1)\boldsymbol{a}_1+(h\lambda_2+k\mu_2)\boldsymbol{a}_2+(h\lambda_3+k\mu_3)\boldsymbol{a}_3$$

これも $\{\boldsymbol{a}_1, \boldsymbol{a}_2, \boldsymbol{a}_3\}$ の1次結合だから W に属す」

「W は部分空間であることがわかった．この W をベクトルの組 $\{\boldsymbol{a}_1, \boldsymbol{a}_2, \boldsymbol{a}_3\}$ の**張る部分空間**と呼び，ふつう

$$[\boldsymbol{a}_1, \boldsymbol{a}_2, \boldsymbol{a}_3]$$

で表す．人により記号は違うが」

「僕の先生のも同じです」

「そうか．それなら，この記号でゆこう」

「その表し方で，ベクトルの順序は考えないのですか」

「いまのところ考えない．だから $[\boldsymbol{a}_2, \boldsymbol{a}_1, \boldsymbol{a}_3]$ とかいても $[\boldsymbol{a}_3, \boldsymbol{a}_2, \boldsymbol{a}_1]$ とかいても，同じこと．すなわち

$$[\boldsymbol{a}_1, \boldsymbol{a}_2, \boldsymbol{a}_3]=[\boldsymbol{a}_2, \boldsymbol{a}_1, \boldsymbol{a}_3]=\cdots\cdots$$

先にベクトルの組といったのは，それを考慮してのこと．ここの組は集合の意味 ……」

「僕の先生は，よく系を使う．ベクトルの系 $\boldsymbol{a}_1, \boldsymbol{a}_2, \cdots, \boldsymbol{a}_r$ の張る部分空間というように．系は組と同じですか」

「弱ったね．定説がなく，人により使い方がまちまちだ．僕は組を集合の意味に用いたが慣用という自信はない．要素の順序を考慮したときでも組を用いた本がある．順序対なら疑問の余地なく順序がある．しかし3つ以上のものを並べて対と呼ぶのは日本語の慣用に合わない．列なら数列の例からみて順序のある場合とみてよさそう．系はどちらともきめかねる．家系，体系 などの例でみると系は順序と無縁でもなさそう．公理系の系にも多少そのニュアンスがあろう．座標系の場合は順序がたいせつ」

「数学の用語は意味がはっきり定義されていると思っていたのに期待はずれです」

「高校には指導要領があって，一部分の用語は用い方が統一されているが，それも徹底してはいない．数学の専門書は国により，時代により，人により使い方が，かなり不統一ですよ」

「訳語が混乱に輪をかける？」

「それも無視できない．だから僕としては組と列か，組と順序のある組の2種類ぐらいに統一したい気持だ．しかし 公理系，座標系 のような慣用語を無視する勇気もない．結局，使う度に，使い方を制限する以外に名案がなさそう」

「先生方は軽い気持で使っても，学ぶ僕らは気になる」

「弱き者の悲哀です．ソクラテスもプラトーも，みんな悩んで大きく

なった ……」

「それ，数学を学ぶコマーシャル！」

「ハハア」

× ×

「いまさら，こんなこと質問するのは恥しいが …… 空集合は部分空間の仲間ですか」

「空集合は除く．部分空間の条件 (1), (2) をみたしているが ……」

「(1), (2) をみたす？ へんですね．空集合 ϕ にはベクトルがないから条件 (1) は

$$\boldsymbol{a}\in\phi,\ \boldsymbol{b}\in\phi \ \rightarrow\ \boldsymbol{a}+\boldsymbol{b}\in\phi$$

となって，仮定も結論も無意味ですが」

「無意味なら偽の命題，仮定が偽なら条件文は真ですよ」

「いや．やられた．それなのに，なぜ ϕ を除くのですか」

「余りにも変りもので，使い道がないから」

「じゃ，部分空間で一番小さいのはゼロベクトルだけのもの？」

「そう．それは見かけによらず重要です」

「その部分空間を張るベクトルはありませんが」

「いや，ある．$\boldsymbol{0}$ の1次結合は $\boldsymbol{0}$ ですよ」

「$\boldsymbol{0}=k\cdot\boldsymbol{0}$ …… なるほど」

「だから，その部分空間は $[\boldsymbol{0}]$ で表される」

× ×

「2つの部分空間，たとえば

$$A=[\boldsymbol{a}_1,\boldsymbol{a}_2,\boldsymbol{a}_3] \qquad B=[\boldsymbol{b}_1,\boldsymbol{b}_2]$$

この2つが等しいかどうか．うまい見分け方があるのですか」

「それは，いい質問だ．一般に包含関係を調べてみよう．

もし $A\subset B$ ならば $\boldsymbol{a}_1,\boldsymbol{a}_2,\boldsymbol{a}_3\in B$

は明らか．重要なのは，この逆だから，それを検討すればよい」

「$\boldsymbol{a}_1,\boldsymbol{a}_2,\boldsymbol{a}_3\in B$ ならば $A\subset B$ となるかどうかですね．Aの任意のベ

クトルを $\boldsymbol{x}$ とすると $\boldsymbol{x}=\lambda_1\boldsymbol{a}_1+\lambda_2\boldsymbol{a}_2+\lambda_3\boldsymbol{a}_3$ と表される．次に ……？」

「$\boldsymbol{a}_1, \boldsymbol{a}_2, \boldsymbol{a}_3$ はBに属するから $\boldsymbol{b}_1, \boldsymbol{b}_2$ の１次結合ですよ」

「そうか．$\boldsymbol{a}_1=l_1\boldsymbol{b}_1+l_2\boldsymbol{b}_2$, $\boldsymbol{a}_2=m_1\boldsymbol{b}_1+m_2\boldsymbol{b}_2$, $\boldsymbol{a}_3=n_1\boldsymbol{b}_1+n_2\boldsymbol{b}_2$ …… はは あ，これを $\boldsymbol{x}$ の式に代入すればよい．そうすれば $\boldsymbol{x}$ は $\boldsymbol{b}_1, \boldsymbol{b}_2$ の１次結合だ．B は１次結合全体の集合だから $\boldsymbol{x}$ は B に属す．したがって $A\subset B$」

「あるベクトルがBに属することは，そのベクトルがBを張るベクトルの１次結合で表されたことと同じ．だから，いま知ったことは，こうもまとめられる．

$\boldsymbol{a}_1, \boldsymbol{a}_2, \boldsymbol{a}_3$ が $\boldsymbol{b}_1, \boldsymbol{b}_2$ の１次結合 $\to [\boldsymbol{a}_1, \boldsymbol{a}_2, \boldsymbol{a}_3]\subset[\boldsymbol{b}_1, \boldsymbol{b}_2]$

応用には，このほうが向いている」

「僕は実感派 …… 具体例がほしい」

「そんなものはゴマンとある．たとえば

$$\boldsymbol{a}_1=(2,1,1),\ \boldsymbol{a}_2=(0,1,-1),\ \boldsymbol{a}_3=(1,2,-1)$$
$$\boldsymbol{b}_1=(1,1,0),\ \boldsymbol{b}_2=(1,0,1)$$

のとき，先の A, B の包含関係を調べてごらん」

「簡単なからくりがあるようだ．$\boldsymbol{a}_1=\boldsymbol{b}_1+\boldsymbol{b}_2$, $\boldsymbol{a}_2=\boldsymbol{b}_1-\boldsymbol{b}_2$, $\boldsymbol{a}_3=$?? わかった $\boldsymbol{a}_3=2\boldsymbol{b}_1-\boldsymbol{b}_2$, $\boldsymbol{a}_1, \boldsymbol{a}_2, \boldsymbol{a}_3$ は $\boldsymbol{b}_1, \boldsymbol{b}_2$ の１次結合だから

$$A\subset B$$

次に $\boldsymbol{b}=$??」

「なんでもない．先の結果を使う．第１式と第２式を$\boldsymbol{b}_1, \boldsymbol{b}_2$ について解く」

「なんだ．$\boldsymbol{b}_1=\dfrac{1}{2}\boldsymbol{a}_1+\dfrac{1}{2}\boldsymbol{a}_2$, $\boldsymbol{b}_2=\dfrac{1}{2}\boldsymbol{a}_1-\dfrac{1}{2}\boldsymbol{a}_2$, しかし，$\boldsymbol{a}_3$ がない」

「実感派は外観にこだわるのが欠点 …… 失われた $0\cdot\boldsymbol{a}_3$ を復活させるとみては ……」

「また失点．$\boldsymbol{b}_1, \boldsymbol{b}_2$ は $\boldsymbol{a}_1, \boldsymbol{a}_2, \boldsymbol{a}_3$ の１次結合だから $B\subset A$，先のと合せて $A=B$」

×　　　×

「この例では $A=B$ だから，$\boldsymbol{a}_1, \boldsymbol{a}_2, \boldsymbol{a}_3$ と $\boldsymbol{b}_1, \boldsymbol{b}_2$ はともにAを張るベクトルの組です．

$$A=[\boldsymbol{a}_1, \boldsymbol{a}_2, \boldsymbol{a}_3]=[\boldsymbol{b}_1, \boldsymbol{b}_2]$$

2組のベクトルには重要な違いがあるのだが，実感派の君には見えない．かくれているからね」

「ベクトルの個数が違う」

「いや，もっと質的な差だ」

「見抜いた．$\boldsymbol{b}_1, \boldsymbol{b}_2$ は1次独立」

「それは証明するまでもなかろう」

「$\boldsymbol{a}_1, \boldsymbol{a}_2, \boldsymbol{a}_3$ は1次従属」

「山勘ではなかろうね」

「信用がないな …… $\boldsymbol{a}_1+3\boldsymbol{a}_2-2\boldsymbol{a}_3=\boldsymbol{0}$……これが立派な証拠」

「この例の $\boldsymbol{b}_1, \boldsymbol{b}_2$ のように，部分空間を張るベクトルは，1次独立のとき**基底**というのです．略して**底**ともいうが ……」

「基底の重要さは？」

「その空間のベクトルが基底で一意に表されることですね．それを確かめるのはやさしい」

「一意性の証明は自信がある．上の例でみよう …… A の任意のベクトルを $\boldsymbol{x}$ とし，その2つの1次結合を

$$\boldsymbol{x}=l_1\boldsymbol{b}_1+l_2\boldsymbol{b}_2,\ \boldsymbol{x}=m_1\boldsymbol{b}_1+m_2\boldsymbol{b}_2$$

とすると

$$(l_1-m_1)\boldsymbol{b}_1+(l_2-m_2)\boldsymbol{b}_2=\boldsymbol{0}$$

$\boldsymbol{b}_1, \boldsymbol{b}_2$ は1次独立であることがきいて

$$l_1-m_1=0,\ l_2-m_2=0 \rightarrow l_1=m_1,\ l_2=m_2$$ 」

「基底でないと，こうはならない」

「1次結合は無数にあるのですか」

「そう．確かめてごらん．$\boldsymbol{a}_1, \boldsymbol{a}_2, \boldsymbol{a}_3$ で ……」

「$\boldsymbol{x}=(x_1, x_2, x_3)$ とおいて，さらに

$$\boldsymbol{x}=\lambda_1\boldsymbol{a}_1+\lambda_2\boldsymbol{a}_2+\lambda_3\boldsymbol{a}_3$$

をみたす $\lambda_1, \lambda_2, \lambda_3$ を求めてみればよいですね」

「そこが盲点．Aのベクトルは，ある限られたものだから x_1, x_2, x_3 を任意に選ぶわけにはいかない．もっとエレガントに行きたいね．$\boldsymbol{x}$ の１つの１次結合を

$$\boldsymbol{x}=\lambda_1\boldsymbol{a}_1+\lambda_2\boldsymbol{a}_2+\lambda_3\boldsymbol{a}_3$$

として，これに $\boldsymbol{a}_1, \boldsymbol{a}_2, \boldsymbol{a}_3$ の従属関係

$$\boldsymbol{a}_1+3\boldsymbol{a}_2-2\boldsymbol{a}_3=0$$

を使うのです．この式のμ倍をはじめの式に加えれば

$$\boldsymbol{x}=(\lambda_1+\mu)\boldsymbol{a}_1+(\lambda_2+3\mu)\boldsymbol{a}_2+(\lambda_3-2\mu)\boldsymbol{a}_3$$

ごらんのように別の１次結合ができた」

「そうか．μ は任意の実数だから，$\boldsymbol{x}$ を表す１次結合も無数にある．こんなにエレガントな説明があるとは ……」

「ベクトルのことは，成分に分解するのが万能ではない．この頃のテレビと同じでね，内部構造は知らなくとも，箱のままで楽しめるのがベクトルの本領だ」

4

存在と一意を分けよ

「意地悪質問から話をはじめよう」

「慣れてます．どうぞ」

「誰でも知っているように，x についての方程式 $ax=b$ は a が 0 でないとき，ただ１つの解をもつ．これを証明してほしいのだ」

「やさしすぎる．何かありそうだ．a は 0 でないから $ax=b$ の両辺を a で割って

$$\frac{ax}{a}=\frac{b}{a} \qquad \therefore \quad x=\frac{b}{a}$$

ただ１つの解 $\frac{b}{a}$ が求まった．それで ……」

「それで，どうした」

「証明が済んだ」

「もう，万事終りか」

「そう．どの本もこんな調子 ……」

「どの本もは大げさです．君が証明したことは，はっきりさせれば

$$a \neq 0,\ ax=b \quad ならば \quad x=\frac{b}{a}$$

ですよ」

「たしかに，それで ……」

「まだ，気付かないのか．君のは $ax=b$ を仮定すれば $x=\frac{b}{a}$ とな

ること．しつこいようだが $ax=b$ をみたす x が仮にあるとすると $x=\frac{b}{a}$ となる」

「仮定しなかったら，両辺を a で割ることができない．当り前のこと……」

「いや，僕が問題にしているのは，$ax=b$ をみたす x があると仮定すると $x=\frac{b}{a}$ となって，1つの解が求まる．しかし，仮定が真であることは，まだ保証されていないぞ …… ということだ」

「仮定して導くだけではダメですか」

「ダメですね．解が存在すると仮定すれば唯一つ求まる，は分ったが，解が存在するの証明はまだ済んでない．だから，解が唯1つ求まるもあやしいのだ．論理的一般化は

p は真で，$p \to q$ も真ならば q は真

君のは“p は真”が脱落だから“q は真”も信頼できないのだ」

「ようやく分った．$x=\frac{b}{a}$ を代入すればよいのでしょう．$a\cdot\frac{b}{a}=b$ …… $ax=b$ をみたす x の値がある」

「たいていのテキストは，代入を略してある．どういうわけか」

「僕の想像ですが …… 実数では同値関係

$$c \neq 0,\ a=b \rightleftarrows \frac{a}{c}=\frac{b}{c}$$

が常識になっているためじゃない」

「逆の成立は当然過ぎるから略した？」

「そう．善意の解釈です．それにしても，この証明は意地悪です……論理的にみて」

「それどういう意味？」

「だって，そうでしょう．証明することは，“解が存在する”と“解は1つだけ”の2つ …… つまり存在と一意ですよ」

「そうか．それを，その順に別々に証明するのが，すなおだということ ……」

「そうです．

存在の証明　$a\cdot\frac{b}{a}=b\to\frac{b}{a}$ は解の１つ

→ 解は少くとも１つ存在する．

一意性の証明　２つ以上あったとし，そのうちの２つを x_1, x_2 $(x_1 \neq x_2)$ とすると

$ax_1=b,\ ax_2=b \to ax_1=ax_2$

$\to \frac{ax_1}{a}=\frac{ax_2}{a} \to x_1=x_2 \to$ 矛盾

→ 解は２つ以上ない．

これなら明快と思うが」

「気持は分るが，$\frac{b}{a}$ をしょっぱなに出すのは作為的に感じられる」

「いや，証明を考える過程とまとめる過程を分離したまで …… 考える過程で証明を代行するのは発見的ではあっても，論理的にはすっきりしないことが多いものです」

「ようやく分った．意地悪質問の真意が」

「意地悪はカードの表 …… 裏をみれば善意，とにかく

存在の証明 → 一意の証明

これは数学で重要なこと．いまの例は小手調べであった．本格なのはこれからです」

×　　　×

「ベクトルにもあった．いま勉強中です」

「ベクトルのどこですか」

「１次独立と従属です」

「そこの存在と一意といえば …… 最初に現れるのは …… $\boldsymbol{a}_1, \boldsymbol{a}_2, \cdots, \boldsymbol{a}_r$ が１次独立で，それに $\boldsymbol{b}$ を加えたものが１次従属ならば，$\boldsymbol{b}$ ははじめのベクトルの１次結合で表される．しかも，その表し方は１通りである …… これですね．定理としては大モノでないが」

「存在定理らしくないが」

「証明の前に，存在らしく，一意らしく整理してみることです」

「仮定

$$\boldsymbol{a}_1, \boldsymbol{a}_2, \cdots, \boldsymbol{a}_r \text{ は1次独立} \qquad ①$$

$$\boldsymbol{a}_1, \boldsymbol{a}_2, \cdots, \boldsymbol{a}_r, \boldsymbol{b} \text{ は1次従属} \qquad ②$$

結論

$\boldsymbol{a}_1, \boldsymbol{a}_2, \cdots, \boldsymbol{a}_r$ の1次結合で $\boldsymbol{b}$ に等しいものがある．その1次結合は1つだけである．

書きかえたら，まるで別の定理のよう」

「その上，証明へ，おのずと，引きずられて行くと思うが．仮定から結論へととび行く矢のように．数学の問題解決で，仮定と結論を整理するのは，アルピニストが登山計画を綴密に立てるようなもの」

「前に証明したことあるが，やり直してみます」

「ベクトルは何個でも証明の本質はかわらない．こういうときは，r 個の代りに3個で学べば十分．もちろん答案では別 ……」

「では3個でやります．仮定 ② によって

$$\begin{cases} \lambda_1\boldsymbol{a}_1+\lambda_2\boldsymbol{a}_2+\lambda_3\boldsymbol{a}_3+\lambda\boldsymbol{b}=\boldsymbol{0} \\ \lambda_1, \lambda_2, \lambda_3, \lambda \text{ には0でないものがある.} \end{cases}$$

これをみたす $\lambda_1, \lambda_2, \lambda_3, \lambda$ が存在する．

$\lambda \neq 0$ がほしい．$\lambda=0$ とすると

$$\begin{cases} \lambda_1\boldsymbol{a}_1+\lambda_2\boldsymbol{a}_2+\lambda_3\boldsymbol{a}_3=\boldsymbol{0} \\ \lambda_1, \lambda_2, \lambda_3 \text{ には0でないものがある.} \end{cases}$$

これは仮定 ① に矛盾するから $\lambda \neq 0$

$$\therefore \quad \boldsymbol{b}=\left(-\frac{\lambda_1}{\lambda}\right)\boldsymbol{a}_1+\left(-\frac{\lambda_2}{\lambda}\right)\boldsymbol{a}_2+\left(-\frac{\lambda_3}{\lambda}\right)\boldsymbol{a}_3$$

$\boldsymbol{a}_1, \boldsymbol{a}_2, \boldsymbol{a}_3$ の1次結合で $\boldsymbol{b}$ に等しいもののあることがわかった．

次に一意の証明を …… $\boldsymbol{b}$ に等しい1次結合が2つ以上あったとし，そのうちの2つを

$$\boldsymbol{b}=l_1\boldsymbol{a}_1+l_2\boldsymbol{a}_2+l_3\boldsymbol{a}_3$$

$$\boldsymbol{b}=m_1\boldsymbol{a}_1+m_2\boldsymbol{a}_2+m_3\boldsymbol{a}_3$$

とすると

$$(l_1-m_1)\boldsymbol{a}_1+(l_2-m_2)\boldsymbol{a}_2+(l_3-m_3)\boldsymbol{a}_3=0$$

①によると，$\boldsymbol{a}_1, \boldsymbol{a}_2, \boldsymbol{a}_3$ は１次独立だから

$$l_1-m_1=0,\ l_2-m_2=0,\ l_3-m_3=0$$
$$l_1=m_1,\ l_2=m_2,\ l_3=m_3$$

仮定に矛盾 …… によって２つ以上はない」

「自信がついたようだ．存在の証明と一意の証明の分離が ……」

×　　　　×

「もっと手ごわい存在定理を習った」

「そんなのあったかなー」

「ゼロベクトルでないベクトルを含む部分空間をWとすると，Wを張る１次独立なベクトルが存在する，という定理です」

「W を張る１次独立なベクトルを W の基底というのだから，略していえば基底の存在定理．ところで，この定理，このままでは条件不足 …… Wはどんな空間の部分空間か」

「僕たち，今習っているのは実ベクトル空間です」

「そうか．それなら安心．成分がn個のベクトルの空間を V^n で表し，W は V^n の部分空間としておこう」

「僕は，この定理の証明，苦手というよりは好きでない」

「いまから好き嫌いをいうのは生意気です．どこが好きになれないのだ」

「１次独立なベクトルを次々に求めて行くので，しまりがない．それに，あるところまでゆけばストップとなるのだが，そこをうまく書けない」

「君が嫌いなのは，証明が求め方と絡み合っているためらしいね．これに似た証明はユークリッド互除法にもあった．存在の証明と同時に，存在するものの求め方も分るとは有難いではないか．こういう証明法を構成的であるというのです．とにかく，証明に親しむことですね．

書きにくいからこそ征服のしがいがあるというものだ．復習の積りで証明のアウトラインをいってごらんよ」

「最初に $\mathbf{0}$ と異なる $\boldsymbol{a}_1$ を任意に選ぶ

次に $[\boldsymbol{a}_1]$ の外から $\boldsymbol{a}_2$ を任意に選ぶ

次に $[\boldsymbol{a}_1, \boldsymbol{a}_2]$ の外から $\boldsymbol{a}_3$ を任意に選ぶ

次に $[\boldsymbol{a}_1, \boldsymbol{a}_2, \boldsymbol{a}_3]$ の外から $\boldsymbol{a}_4$ を任意に選ぶ．

これを繰り返すと $\boldsymbol{a}_1, \boldsymbol{a}_2, \cdots$ は1次独立になる．W の中の1次独立なベクトルの数は n を越さないから，上の繰り返しは r $(r \leqq n)$ 回で終る．そして $\boldsymbol{a}_1, \boldsymbol{a}_2, \cdots, \boldsymbol{a}_r$ は W の基底になる」

「うまいじゃない．図解でイメージを作っておこう．この証明で手答えのあるのは，選んだベクトルが1次独立になること．その証明は

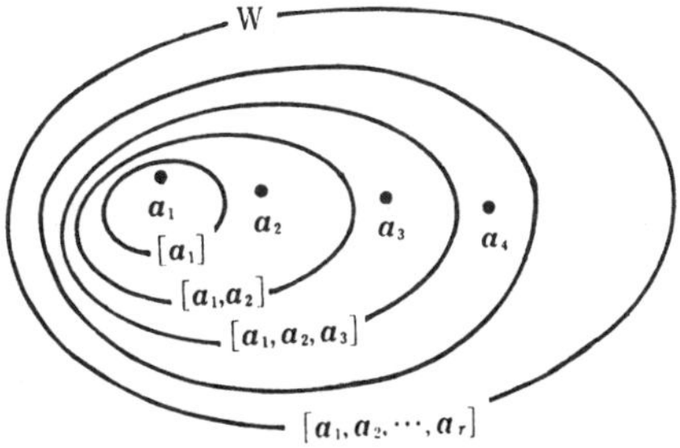

$$\boldsymbol{a}_1 \to \boldsymbol{a}_1, \boldsymbol{a}_2 \to \boldsymbol{a}_1, \boldsymbol{a}_2, \boldsymbol{a}_3 \to \cdots\cdots$$

と帰納的に試みれば楽だ．予備知識は先に学んだ定理で十分．やってごらん」

「$\boldsymbol{a}_1 \neq \mathbf{0} \to \boldsymbol{a}_1$ は1次独立

$\boldsymbol{a}_1, \boldsymbol{a}_2$ がもし1次従属とすると $\boldsymbol{a}_2 = \lambda_1 \boldsymbol{a}_1$

$\to \boldsymbol{a}_2 \in [\boldsymbol{a}_1] \to$ 矛盾 $\to \boldsymbol{a}_1, \boldsymbol{a}_2$ は1次独立

$\boldsymbol{a}_1, \boldsymbol{a}_2, \boldsymbol{a}_3$ がもし1次従属とすると $\boldsymbol{a}_3 = \lambda_1 \boldsymbol{a}_1 + \lambda_2 \boldsymbol{a}_2$

$\to \boldsymbol{a}_3 \in [\boldsymbol{a}_1, \boldsymbol{a}_2] \to$ 矛盾

$\to \boldsymbol{a}_1, \boldsymbol{a}_2, \boldsymbol{a}_3$ は1次独立

以下同様にして $\boldsymbol{a}_1, \boldsymbol{a}_2, \cdots, \boldsymbol{a}_r$ は1次独立」

「この証明，好きになれたか」

「アウトラインをつかんでから，手答えのあるところを集中的に攻めるのが気にいった」

「城攻めは，城の構造と敵兵の分散状況を概観し，手薄なところを集中的に攻める．兵力を分散させては名将の資格がない．数学も同じ要領で ……」

× ×

「この定理は存在だけで，一意はみたしませんね」

「作り方から分るように，基底は無数にある．しかし，そのベクトルの個数に目をつければ一意的なのだ」

「ベクトルの個数は一定ということ？」

「そう．それを証明してごらん」

「W の2組の基底を $\boldsymbol{a}_1, \boldsymbol{a}_2, \cdots$」

「任意の2組の …… というほうがよい」

「W の任意の2組の基底を $(\boldsymbol{a}_1, \boldsymbol{a}_2, \cdots, \boldsymbol{a}_r)$, $(\boldsymbol{b}_1, \boldsymbol{b}_2, \cdots, \boldsymbol{b}_s)$ として $r=s$ を導けばよい．W は2通りに表される．

$$W=[\boldsymbol{a}_1, \boldsymbol{a}_2, \cdots, \boldsymbol{a}_r]$$
$$W=[\boldsymbol{b}_1, \boldsymbol{b}_2, \cdots, \boldsymbol{b}_s]$$

証明の手がかりはこれだと思うが ……」

「仮定からみて，それ以外にはない．$r=s$ を導く1つの手は $r\geqq s$ と $r\leqq s$ を示すこと．もし $r\geqq s$ でなかったとすると $r<s$ …… 思い出しませんか．先週，証明した定理．$\boldsymbol{b}_1, \boldsymbol{b}_2, \cdots, \boldsymbol{b}_s$ は $\boldsymbol{a}_1, \boldsymbol{a}_2, \cdots, \boldsymbol{a}_r$ の1次結合だ」

「そうか思い出した．r 個のベクトルの1次結合を r 個より多く作れば1次従属である，という定理を．$r<s$ とすると，この定理によって $\boldsymbol{b}_1, \boldsymbol{b}_2, \cdots, \boldsymbol{b}_s$ は1次従属．これは $\boldsymbol{b}_1, \boldsymbol{b}_2, \cdots, \boldsymbol{b}_s$ が基底であることに矛盾 …… だから $r\geqq s$，同様にして $r\leqq s$．ついに $r=s$ が出た．重要な定理のような気がするが ……」

「予想通りだ．次元の講義はまだか」

「まだです．いつのことか，それも ……」

「そう遠くはないだろう．Wの基底のベクトルの数は一定であった．その一定値がベクトル空間Wの**次元**です．いや，次元と定義し，ふつう $\dim W$ で表すのだ．次元はベクトル空間のパスポートのようなもの．なにがなんでも入手しなければならない．そのうち話題になるときがあるだろう」

「それが楽しみだ」

5
基本操作のすべて

基本操作は2つか

「最近，数学科の友人に会ったら，行列の基本操作は2つだというのです．僕は講義で3つ習ったのに」

「その理由を聞けばよいのに」

「僕は応用物理，数学科の彼には弱い．へまなことをきいて恥をかきたくないです」

「水臭い仲ですね．ところで，君の習った3つの基本操作 …… 基本変形ともいうが …… どんなものか」

「行でも，列でもよいですが，行に関するものをあげます．

(i)　2つの行をいれかえる．

(ii)　1つの行に零でない数をかける．

(iii)　1つの行の何倍かを他の行にたす．

たいていの線型代数の本にあるものです」

「予想どおり」

「ホントに2つでもよいですか」

「3つがよいか，2つがよいかは，見方の違い …… いや，使い方の違い」

「それ，どういうこと？」

「行列の変形に基本操作を用いるときは，3つないと不便，しかし，証明に用いるような場合には2つで十分ということ」

「3つのものが2つでよい．どうも，そこが分りません」

「3つの操作は独立でないのです」

「独立？　ベクトルの1次独立なら分るが，操作の独立は，はじめて」

「3つの操作のうちの1つは，他の2つの操作で合成できる」

「その1つとは，どれですか」

「(i)です．(ii)と(iii)を適当な順に合成すると(i)になるのですよ」

「信じられませんね．(i)が(ii)と(iii)から出るなんて ……」

「その意外性が数学の魅力．お目にかけようか．行列Aのi行とj行をいれかえるとしましょう．Aはそのままよりは行ベクトルで表しておけば簡単．よく見ておるのですよ．

$$\begin{pmatrix}\vdots\\ \boldsymbol{a}_i\\ \vdots\\ \boldsymbol{a}_j\\ \vdots\end{pmatrix}\xrightarrow{\textcircled{1}}\begin{pmatrix}\vdots\\ \boldsymbol{a}_i-\boldsymbol{a}_j\\ \vdots\\ \boldsymbol{a}_j\\ \vdots\end{pmatrix}\xrightarrow{\textcircled{2}}\begin{pmatrix}\vdots\\ \boldsymbol{a}_i-\boldsymbol{a}_j\\ \vdots\\ \boldsymbol{a}_j+\boldsymbol{a}_i-\boldsymbol{a}_j\\ \vdots\end{pmatrix}=\begin{pmatrix}\vdots\\ \boldsymbol{a}_i-\boldsymbol{a}_j\\ \vdots\\ \boldsymbol{a}_i\\ \vdots\end{pmatrix}$$

$$\xrightarrow{\textcircled{3}}\begin{pmatrix}\vdots\\ \boldsymbol{a}_i-\boldsymbol{a}_j-\boldsymbol{a}_i\\ \vdots\\ \boldsymbol{a}_i\\ \vdots\end{pmatrix}=\begin{pmatrix}\vdots\\ -\boldsymbol{a}_j\\ \vdots\\ \boldsymbol{a}_i\\ \vdots\end{pmatrix}\xrightarrow{\textcircled{4}}\begin{pmatrix}\vdots\\ \boldsymbol{a}_j\\ \vdots\\ \boldsymbol{a}_i\\ \vdots\end{pmatrix}$$

手品は，ごらんのとおり．①,②,③,④ の操作をあてててごらん」

「①は第j行を第i行からひいた．②は第i行を第j行にたした．③は第i行を …… いや，第j行を第i行からひいた．④は第i行に-1をかけた」

「そのとおり．基本操作の種類でみると ①,②,③ は (iii) で，④ は (ii) ですよ」

「いや，まったく意外．数学科の彼が，僕を煙にまいたのは，これですね」

「おそらく，そうでしょう．この次会ったら，鼻をあかしなさい．本の中には，もう1つの操作

(iv)　１つの行を他の行にたす．

をあげたのもありますよ」

「(iii)の特殊な場合ですが」

「いや(ii)と(iv)を最初に挙げ，それを合成して(iii)を導くのです」

「凝ってますね」

「これは，なるべく簡単なものをもとにとり，他を導こうという数学的精神です．わかったことを総括しておこう」

(ii) (iv)	↔	(ii) (iii)	→	(i)

「操作を２つにしぼると都合のよい例といえば，どんな場合です」

「たとえば，行列のランクが基本操作によって変らないことを証明する場合 …… (ii)と(iii)または(ii)と(iv)でランクが変らないことを示せば十分」

「省エネにあやかれば省思考」

「まあ，そういうこと」

基本行列の見つけ方

「Aに基本操作を行うには，Aにある行列をかければよいのだが，その行列を習った？」

「基本行列のことですね」

「天下りで …… その導き方が不明 …… これでは，なんとなく物足りないです」

「そんなら，自分で導いてみたら」

「名案が浮びません」

「行に関するものであったら，行列を行ベクトルで表してみるのです．さきほど試みたように．たとえば行が５つの行列Aで第２行と第５行をいれかえた行列をBとすれば

$$\begin{pmatrix} \boldsymbol{b}_1 \\ \boldsymbol{b}_2 \\ \boldsymbol{b}_3 \\ \boldsymbol{b}_4 \\ \boldsymbol{b}_5 \end{pmatrix} = \begin{pmatrix} \boldsymbol{a}_1 \\ \boldsymbol{a}_5 \\ \boldsymbol{a}_3 \\ \boldsymbol{a}_4 \\ \boldsymbol{a}_2 \end{pmatrix}$$

右辺の欠けている行ベクトルを補うと

$$\begin{pmatrix} \boldsymbol{b}_1 \\ \boldsymbol{b}_2 \\ \boldsymbol{b}_3 \\ \boldsymbol{b}_4 \\ \boldsymbol{b}_5 \end{pmatrix} = \begin{pmatrix} 1\cdot\boldsymbol{a}_1+0\cdot\boldsymbol{a}_2+0\cdot\boldsymbol{a}_3+0\cdot\boldsymbol{a}_4+0\cdot\boldsymbol{a}_5 \\ 0\cdot\boldsymbol{a}_1+0\cdot\boldsymbol{a}_2+0\cdot\boldsymbol{a}_3+0\cdot\boldsymbol{a}_4+1\cdot\boldsymbol{a}_5 \\ 0\cdot\boldsymbol{a}_1+0\cdot\boldsymbol{a}_2+1\cdot\boldsymbol{a}_3+0\cdot\boldsymbol{a}_4+0\cdot\boldsymbol{a}_5 \\ 0\cdot\boldsymbol{a}_1+0\cdot\boldsymbol{a}_2+0\cdot\boldsymbol{a}_3+1\cdot\boldsymbol{a}_4+0\cdot\boldsymbol{a}_5 \\ 0\cdot\boldsymbol{a}_1+1\cdot\boldsymbol{a}_2+0\cdot\boldsymbol{a}_3+0\cdot\boldsymbol{a}_4+0\cdot\boldsymbol{a}_5 \end{pmatrix}$$

右辺は行列の積に直すことができる.

$$\begin{pmatrix} \boldsymbol{b}_1 \\ \boldsymbol{b}_2 \\ \boldsymbol{b}_3 \\ \boldsymbol{b}_4 \\ \boldsymbol{b}_5 \end{pmatrix} = \begin{pmatrix} 1 & 0 & 0 & 0 & 0 \\ 0 & 0 & 0 & 0 & 1 \\ 0 & 0 & 1 & 0 & 0 \\ 0 & 0 & 0 & 1 & 0 \\ 0 & 1 & 0 & 0 & 0 \end{pmatrix} \begin{pmatrix} \boldsymbol{a}_1 \\ \boldsymbol{a}_2 \\ \boldsymbol{a}_3 \\ \boldsymbol{a}_4 \\ \boldsymbol{a}_5 \end{pmatrix}$$

これが求める基本行列. 構造が分りにくいなら5次の単位行列と比べてみては ……」

「単位行列の (2, 2), (5, 5) の位置の1を (5, 2) と (2, 5)の位置にうつしたもの」

「そういう見方もあるが, 単位行列の第2行と第5行をいれかえたもの, という見方もありますよ」

「そのほうが簡単ですね」

「一般化すれば, 単位行列の第 i 行と第 j 行をいれかえることによって第 i 行と第 j 行をいれかえる基本行列が得られる. それを T_{ij} とすると

$$\begin{matrix} \\ \\ \text{第}\,i\,\text{行} \rightarrow \\ \\ \\ \text{第}\,j\,\text{行} \rightarrow \\ \\ \end{matrix} \begin{pmatrix} 1 & & & & & & \\ & \ddots & & & & & \\ & & 0 & \cdots & 1 & & \\ & & \vdots & 1 \ddots 1 & \vdots & & \\ & & 1 & \cdots & 0 & & \\ & & & & & \ddots & \\ & & & & & & 1 \end{pmatrix} = T_{ij}$$

空白のところの要素はすべて0」

「他の基本行列も全く同じ要領で ……」

「もちろん，第 i 行を λ 倍するための基本行列を $T_i(\lambda)$ で表せば

$$
\text{第 } i \text{ 行} \rightarrow \begin{pmatrix} 1 & & & & & \\ & \ddots & & & & \\ & & 1 & & & \\ & & & \lambda & & \\ & & & & 1 & \\ & & & & & \ddots \\ & & & & & & 1 \end{pmatrix} = T_i(\lambda)
$$

見ればすぐ分る」

「単位行列の (i,i) 要素を λ にかえたもの」

「これも，単位行列の第 i 行を λ 倍したものと見たいですね．最後に第 j 行の λ 倍を第 i 行にたすための基本行列を $T_{ij}(\lambda)$ で表したとすると？」

「忘れました．λ の位置は (i,j) のような (j,i) のような ……」

「忘れたときの神頼みが，単位行列に同じ操作を行うという見方」

「あ，そうか．単位行列の第 j 行の λ 倍を第 i 行にたすと，λ は (i,j) の位置．

$$
\begin{matrix} \\ \text{第 } i \text{ 行} \rightarrow \\ \text{第 } j \text{ 行} \rightarrow \\ \\ \end{matrix}
\begin{pmatrix} 1 & & & & \\ & \ddots & & & \\ & & 1 & \cdots & \lambda \\ & & & \ddots & \vdots \\ & & & & 1 \\ & & & & & \ddots \\ & & & & & & 1 \end{pmatrix} = T_{ij}(\lambda)
$$

基本行列の作り方は，同時に，その記憶法でもあるとは ……」

$$
\text{単位行列} \xrightarrow[\text{基本操作}]{\hspace{3em}} \text{基本行列}
$$

「同じものも，見方によって役に立ったり，立たなかったり．人間も同じようなもの」

「全学連の猛者も，見方をかえて受け入れれば，猛烈社員 …… ロッ

キード，グラマン，なんでもござれ」
「君もいいますな」

基本操作を合成する

「行列を変形するには，基本操作を何回も繰り返して行いますね．基本操作は線型写像であるから，操作の繰り返しは写像の合成ですね」
「その通りで，線型写像の合成は基本行列でみれば，その積ということです．たとえば基本操作の (i) は，(ii), (iii) の繰り返しであった．それを基本行列の積で表してみようか．(i)を導くときの 4 つの操作は

① 第 j 行を第 i 行からひく．
② 第 i 行を第 j 行にたす．
③ 第 j 行を第 i 行からひく．
④ 第 i 行に -1 をかける．

この合成を行列で表してごらん」
「前の記号によると ① は $T_{ij}(-1)$，② は $T_{ji}(1)$，③ は $T_{ij}(-1)$，④ は $T_i(-1)$，そこで，この合成は

$$T_{ij}(-1)T_{ji}(1)T_{ij}(-1)T_i(-1)$$

これが T_{ij} に等しい」
「それそれ，そこが盲点，積の順序が ……」
「順序が？」
「行に関する操作は，行列でみると，どちらからかけるのです？」
「左から」
「もとの行列を A とすると，A に①を行うのは $T_{ij}(-1)A$，これに，さらに②を行ったものは

$$T_{ji}(1)T_{ij}(-1)A$$

同様のことを繰り返して

$$T_i(-1)T_{ij}(-1)T_{ji}(1)T_{ij}(-1)A$$

これが，AにT_{ij}を１回行った$T_{ij}A$に等しい．そこで操作の部分だけを取り出せば

$$T_i(-1)\,T_{ij}(-1)\,T_{ji}(1)\,T_{ij}(-1)=T_{ij}$$

となるはず」

「たしかに，そうなるのは分ったが，左辺の計算は楽でなさそう」

「一般で行詰ったら具体でようすをみる手があったろう．Aが２次で，$i=1, j=2$ の場合だったら，高校生でも出来る」

「そういわれては，意地でも …….

$$T_1(-1)T_{12}(-1)T_{21}(1)T_{12}(-1)=T_{12}$$

左辺は

$$\begin{pmatrix}-1&0\\0&1\end{pmatrix}\begin{pmatrix}1&-1\\0&1\end{pmatrix}\begin{pmatrix}1&0\\1&1\end{pmatrix}\begin{pmatrix}1&-1\\0&1\end{pmatrix}$$

右の方から順に計算してみます．

$$=\begin{pmatrix}-1&0\\0&1\end{pmatrix}\begin{pmatrix}1&-1\\0&1\end{pmatrix}\begin{pmatrix}1&-1\\1&0\end{pmatrix}$$

$$=\begin{pmatrix}-1&0\\0&1\end{pmatrix}\begin{pmatrix}0&-1\\1&0\end{pmatrix}=\begin{pmatrix}0&1\\1&0\end{pmatrix}$$

おや，右辺と等しくなった」

「そうでしょう．具体とは有難いもの．一般の場合の計算は，手ごろな課題です．いまのは結果の予想が難しいが，合成の中には，結果の予想のやさしいものもあるのです」

「似た操作の合成でしょう」

「行を固定した場合です．たとえば(ii)の場合 …… 同じ第i行をλ倍し，さらにμ倍したとすれば ……」

「小学生でも分る．第i行の$\mu\lambda$倍」

「基本行列でみれば？」

「$T_i(\mu)T_i(\lambda)=T_i(\mu\lambda)$」

「この操作はやさし過ぎた．次に(iii)の場合 …… 第j行のλ倍を第i行にたし，さらに第j行のμ倍を第i行にたしたとすれば」

「やさしい．合成は第 j 行の $(\mu+\lambda)$ 倍を第 i 行にたすこと．基本行列でみると

$$T_{ij}(\mu)\,T_{ij}(\lambda)=T_{ij}(\mu+\lambda)$$

となります」

「計算で確めてもらいましょうか．2次の行列で $i=1$，$j=2$ の場合を」

「その具体例ならばやさしい．

$$T_{12}(\mu)T_{12}(\lambda)=\begin{pmatrix}1 & \mu\\ 0 & 1\end{pmatrix}\begin{pmatrix}1 & \lambda\\ 0 & 1\end{pmatrix}$$

$$=\begin{pmatrix}1 & \mu+\lambda\\ 0 & 1\end{pmatrix}=T_{12}(\mu+\lambda)$$

一般の場合は，あとでやってみます．(i)が残っています．最後に回したのは難しいからですか」

「いや，それほどでもない．いれかえる行を指定したとすると，この操作は1つしかない．第 i 行と第 j 行をいれかえることを行列 A に2回くり返したとすれば，もとの行列にもどる．

$$A \underset{T_{ij}}{\overset{T_{ij}}{\rightleftarrows}} B$$

この事実を基本行列で表したら？」

「$T_{ij}T_{ij}=\cdots\cdots$？」

「分りませんか．A を補ってみたら！」

「$T_{ij}A=B$，$T_{ij}B=A$ から B を消去すると $T_{ij}T_{ij}A=A$？」

「玄関まで来て，上らないようなもの．右辺に単位行列 E を補ってごらん」

「なんだ，$T_{ij}T_{ij}A=EA$，操作を分離して $T_{ij}T_{ij}=E$」

逆操作があるか

「その式から，T_{ij} の逆行列は？」

「T_{ij} 自身です」

「式で表せば $T_{ij}^{-1}=T_{ij}$，逆行列がある行列を正則というのだから T_{ij} は正則であることが分った」

「(ii) にも逆操作がありますね．行列 A の第 i 行を λ 倍し，さらにその行を $\dfrac{1}{\lambda}$ 倍すればもとの A にもどるから $T_i(\lambda)$ の逆行列は $T_i(\lambda^{-1})$ です」

「基本行列の計算からも出ますよ．

$$T_i(\lambda^{-1})T_i(\lambda)=T_i(\lambda^{-1}\lambda)=T_i(1)=E$$

同様にして $T_i(\lambda)T_i(\lambda^{-1})=E$ となるから，

$$T_i^{-1}(\lambda)=T_i(\lambda^{-1})$$

もちろん，$T_i(\lambda)$ は正則」

「(iii)の逆操作も気になって来ました」

「この操作の合成を思い出しては …….それからこの操作で不変のものは $T_{ij}(0)$ ですよ」

「分った．

$$T_{ij}(-\lambda)T_{ij}(\lambda)=T_{ij}(-\lambda+\lambda)=T_{ij}(0)=E$$

同様にして $T_{ij}(\lambda)T_{ij}(-\lambda)=E$ となるから，

$$T_{ij}^{-1}(\lambda)=T_{ij}(-\lambda)$$

これも正則です」

「結局，基本操作にはすべて逆操作がある．見方をかえれば，基本行列にはすべて逆行列があり，したがって正則ということ」

「逆行列を整理しておきます」

基本行列はすべて正則で，逆行列は次のとおりである．

(i) $T_{ij}^{-1}=T_{ij}$　　$T_{ii}=E$

(ii) $T_i^{-1}(\lambda)=T_i(\lambda^{-1})$,　$T_i(1)=E$

(iii) $T_{ij}^{-1}(\lambda)=T_{ij}(-\lambda)$,　$T_{ij}(0)=E$

「基本操作は逆操作をもつから，応用範囲が広く，理論的にも重要なのだ」
「講義に現れるのが楽しみです」

基本操作の転置は？

「逆操作が済んだ．次に基本操作の転置に当ってみようか」
「行列の転置は学んだが，操作の転置は初耳ですが」
「基本操作の行列の転置というべきところを，略してそういったまで」
「いままで取り扱った操作は行に関するものばかりであった．操作で転置を考えるのは，列に関する操作を考える準備？」
「まあ，準備というよりは，行に関する操作に転置を行って，ズバリ，列に関する操作を導こうというのです」
「行に関する操作で行を列にかえる？」
「いや，そう単純ではない．転置は行列に関するもの．基本行列の転置で検討しないと真相は浮び上らない」
「(i)の操作の行列 T_{ij} は対称行列ですから転置を行っても変りませんが」
「操作を行う行列 A と組にして考えなければ，転置の真相はつかめない．A の第 i 行と第 j 行をいれかえたものを B とすると $T_{ij}A=B$，これ全体に転置を行ってみるのだ」
「${}^t(T_{ij}A)={}^tB$, ${}^tT_{ij}{}^tA={}^tB$」
「そら，また，やった」　　「軽い気持で軽いミス」
「ちりも盛れば山となる，が怖い」
「順序をかえて ${}^tA{}^tT_{ij}={}^tB$」
「${}^tT_{ij}$ は T_{ij} に等しいから

$${}^tAT_{ij}={}^tB$$

これは，つまり，行列 ${}^tA$ にその右から T_{ij} をかけると，第 i 列と第 j 列とをいれかえたもの ${}^tB$ が得られることを表している」

「そういわれてもピンと来ません．具体例に当ってみます．Aを$(2,3)$型の行列とし，第1行と第2行をいれかえる行列 T_{12} で考えると

$$\begin{pmatrix} 0 & 1 \\ 1 & 0 \end{pmatrix}\begin{pmatrix} a_1 & a_2 & a_3 \\ b_1 & b_2 & b_3 \end{pmatrix}=\begin{pmatrix} b_1 & b_2 & b_3 \\ a_1 & a_2 & a_3 \end{pmatrix}$$

両辺の転置を行うと

$$\begin{pmatrix} a_1 & b_1 \\ a_2 & b_2 \\ a_3 & b_3 \end{pmatrix}\begin{pmatrix} 0 & 1 \\ 1 & 0 \end{pmatrix}=\begin{pmatrix} b_1 & a_1 \\ b_2 & a_2 \\ b_3 & a_3 \end{pmatrix}$$

予想通りです．操作(ii)の行列 $T_i(\lambda)$ も対称だから，$T_i(\lambda)A=B$ に転置を行って

$$^tAT_i(\lambda)={}^tB$$

具体例で確認します．

$$\begin{pmatrix} 1 & 0 \\ 0 & \lambda \end{pmatrix}\begin{pmatrix} a_1 & a_2 & a_3 \\ b_1 & b_2 & b_3 \end{pmatrix}=\begin{pmatrix} a_1 & a_2 & a_3 \\ \lambda b_1 & \lambda b_2 & \lambda b_3 \end{pmatrix}$$

両辺に転置を行って

$$\begin{pmatrix} a_1 & b_1 \\ a_2 & b_2 \\ a_3 & b_3 \end{pmatrix}\begin{pmatrix} 1 & 0 \\ 0 & \lambda \end{pmatrix}=\begin{pmatrix} a_1 & \lambda b_1 \\ a_2 & \lambda b_2 \\ a_3 & \lambda b_3 \end{pmatrix}$$

これも予想通り．$T_i(\lambda)$ をAの右からかけることは，A の第 i 列を λ 倍すること」

「最後の操作(iii)の行列 $T_{ij}(\lambda)$ は対称でない．注意しませんと ……」

「$T_{ij}(\lambda)A=B$ の両辺に転置を行って

$$^tA\,^tT_{ij}(\lambda)={}^tB$$

$T_{ij}(\lambda)$ は単位行列の (i,j) の要素を λ にかえたものであった．転置を行えば第 i 行は第 i 列に，第 j 列は第 j 行にかわるから，(i,j) の位置の λ は (j,i) の位置にかわる．だとすると $^tT_{ij}(\lambda)$ は $T_{ji}(\lambda)$ に等しいはず．

$$^tAT_{ji}(\lambda)={}^tB$$

しかし，なんとなく不安．具体例で ……．

$$\begin{pmatrix} 1 & 0 & \lambda \\ 0 & 1 & 0 \\ 0 & 0 & 1 \end{pmatrix}\begin{pmatrix} a_1 & a_2 \\ b_1 & b_2 \\ c_1 & c_2 \end{pmatrix}=\begin{pmatrix} a_1+\lambda c_1 & a_2+\lambda c_2 \\ b_1 & b_2 \\ c_1 & c_2 \end{pmatrix}$$

両辺に転置を行うと

$$\begin{pmatrix} a_1 & b_1 & c_1 \\ a_2 & b_2 & c_2 \end{pmatrix}\begin{pmatrix} 1 & 0 & 0 \\ 0 & 1 & 0 \\ \lambda & 0 & 1 \end{pmatrix}=\begin{pmatrix} a_1+\lambda c_1 & b_1 & c_1 \\ a_2+\lambda c_2 & b_2 & c_2 \end{pmatrix}$$

予想どおり．一般にAの右から $T_{ji}(\lambda)$ をかけることは，第 j 列の λ 倍を第 i 列にたすこと」

「転置と列に関する操作について，いろいろのことを知った．応用のことを考え，まとめては ……」

「そうします」

基本行列の転置

$$ {}^tT_{ij}=T_{ij}, \quad {}^tT_i(\lambda)=T_i(\lambda)$$
$$ {}^tT_{ij}(\lambda)=T_{ji}(\lambda)$$

行列Aの列に関する基本操作

(i) 第 i 列と第 j 列をいれかえる．
Aの右から T_{ij} をかける．

(ii) 第 i 列を λ 倍する
Aの右から $T_i(\lambda)$ をかける．

(iii) 第 j 列の λ 倍を第 i 列にたす．
Aの右から $T_{ji}(\lambda)$ をかける．

「要注意は(iii)，行に関する操作の時は左から $T_{ij}(\lambda)$，列に関する操作のときは右から $T_{ji}(\lambda)$ をかけるのですよ．i, j の順序が違うところが

行のとき	列のとき
$T_{ij}(\lambda)\cdot A$	$A\cdot T_{ji}(\lambda)$
↑	↑
(i, j) の位置が λ	(j, i) の位置が λ

盲点 …… これを知ってほしいばかりに，遠回りをして転置を訪ねたのだ」

6
Rank に泣く　―*Rank*の第１面相―

「行列の rank は難しい」

「もう，そこまで進んだのですか」

「ノートを何度読みかえしてもはっきりしません．困りはてて参考書を買いました」

「それで，ようやくわかった？」

「いえ，混乱を増すばかり．定義が違うのです」

「どう違ってました」

「僕たち講義で習ったのは，行列式によった定義，ところが参考書のほうは，ベクトルの１次独立によっているのです」

「それは，お気の毒」

「他人ごとみたいに云わないで，相談に乗って下さいよ．僕にとっては，単位をとれるかどうかの分れ道 …… 深刻なんですよ」

「大学に入っても点取り虫とは情ない．何事もね，こだわるのはよくない．こだわるとアタマというのは硬直し，創造力を失うものです．単位などというチャチなものは忘れなさい」

「習い性となる，というでしょう．僕たちが単位をねらうのは“性”ですよ」

「性は性でも，あの性でないのが救いか」

「同じようなもの．同じ漢字を用いるのが，その証拠じゃないですか」

「君も，すみにおけない」

× ×

「行列の rank には，いろいろの定義があるようですが」

「数種類ありますね．しかし，基本的なのは２つとみてよいと思うね」

「その２つというのは，行列式によるものとベクトルの１次独立によるもの？」

「そう」

「どちらがやさしいですか」

「大差ないですね．楽あれば苦ありですね．数学も，どこかで楽すればあとで苦労する．ところで，君が講義で習った定義は？」

「定義は簡単です．行列をAとします．Aの rank がrであるというのは，r次の小行列式に値が０でないものがあって，rより大きい次数の小行列式の値は，すべて０になること ……」

「う，定義はまとも …… しかし，理解を深め，定着を願うなら，内容を分析し，列記する労をおしんではいけませんね」

「内容の分析 …… ？ …… 定義は２つの条件から成っていますが」

「それに (1), (2) と番号をつけ，かき並べてごらん」

「分りました」

(1) 次数がrの小行列式の中に，値の０でないものが少くとも１つ存在する．

(2) rより大きい次数の小行列式の値は，すべて０である．

「ノートというのはね，そのように整理するものです．いや，まだ，十分でない．このままでは，講義から半歩も先へ進んでいないですよ．条件 (1), (2) がそろえば

$$\mathrm{rank}\,A=r$$

ここで，１歩先へ進みたいものです」

「１歩前進 …… 分った．条件 (1) だけでならばどうなるか …… 条

件 (2) だけならどうなるか …… と考えてみる？」

「そうそう．その発想がたいせつ．発想の第1歩が前進の第1歩…… そうありたいものです．条件が (1) だけだったら？」

「次数が r でない小行列式に，値の0でないものがあるかも分らない」

「ちょっとピンボケ．条件 (2) とからませて，条件 (2) がないのだから」

「そうか．次数が r よりも大きい小行列式の中に，値の0でないものがあるかも分らない」

「それを rank でみるとどうなる？」

「分った．Aの rank は r より大きいかも分らない」

「式でかけば ……」

「rank $A>r$」

「お粗末！」

「しまった．rank$\geqq r$ です」

「同様にして条件が (2) だけのときは？」

「rank $A\leqq r$」

「まとめておこう」

条件 (1) ⇔ rank $A\geqq r$
条件 (2) ⇔ rank $A\leqq r$
条件 (1), (2) ⇔ rank $A=r$

「こんな，まとめ方，役に立つのですか」

「この効用は，あとで分る．先々のことはともかく，現在のところ，定義の理解を深める効果はあったと思うがね」

× ×

「まだ，実感が出ません．分析はニガ手，僕は綜合派なのですかね」

「自分の能力の固定化は頂けない．つねに，可能性を信じたいものです．綜合と分析は，認識の表と裏のようなもの」

「表が綜合で裏は分析？」

「裏を見過ぎたようだ．表を直視し，もっと感覚的に …… いや，常識的にとらえることを忘れていましたよ」

「常識的に ……？」

「そう．常識的に云いかえると …… Aの rank がrであることは…… 値が0でない小行列式の次数の最大値がrということ」

「なんだ．そういうことだったのか」

「ハハアー，君は，常識派らしい」

「綜合派といって下さいよ．そのほうが，カッコいいですよ」

「見れば分る，聞けば分るが，読んでも分らないなら，テレビ時代の落し子 …… 触覚派ですか」

「そうそう，僕，それにピッタリ」

「高級にいってあげるよ．マクルーハン派とね」

「それでは女の子にはチンプンカンですが」

「認識不足，女の子というのはね．分らないことを有難かる人種ですぞ」

「じゃ，僕はモテル資格があります」

「主客転倒とは情ない．分らないことを有難がることは，裏返せば，分る男を尊敬するということ」

「そういうものですか」

「しっかりしないと，女の子に見捨てられるよ」

×　　　　×

「定義はしたけれど …… その定義が役に立ちませんが」

「えらそうなことをいう．rank は必要だから定義したのに」

「でも，その定義で，行列の rank を実際に求めようとすると，計算がたいへんです．たとえば $A=\begin{pmatrix} -2 & 4 & 7 & -9 \\ 1 & -2 & 6 & -2 \\ 4 & -8 & 5 & 5 \end{pmatrix}$

の rank を求めようと思うと，まず，3次の小行列式の値を求めなければならない．ところが，その行列式は ${}_4C_3=4$ で4通り．やってみますよ．

$$\begin{vmatrix} -2 & 4 & 7 \\ 1 & -2 & 6 \\ 4 & -8 & 5 \end{vmatrix}=0 \quad \text{第1列と第2列は比例するから}$$

$$\begin{vmatrix} -2 & 4 & -9 \\ 1 & -2 & -2 \\ 4 & -8 & 5 \end{vmatrix}=0 \quad \text{第1列と第2列が比例するから}$$

$$\begin{vmatrix} -2 & 7 & -9 \\ 1 & 6 & -2 \\ 4 & 5 & 5 \end{vmatrix}=\begin{vmatrix} 0 & 19 & -13 \\ 1 & 6 & -2 \\ 0 & -19 & 13 \end{vmatrix}=0$$

$$\begin{vmatrix} 4 & 7 & -9 \\ -2 & 6 & -2 \\ -8 & 5 & 5 \end{vmatrix}=\begin{vmatrix} 0 & 19 & -13 \\ -2 & 6 & -2 \\ 0 & -19 & 13 \end{vmatrix}=0$$

3次のものはすべて0だから，次は2次のもの．これは ${}_3C_2\times{}_4C_2=18$ で，18通り．

$$\begin{vmatrix} -2 & 4 \\ 1 & -2 \end{vmatrix}=0,\quad \begin{vmatrix} -2 & 4 \\ 4 & -8 \end{vmatrix}=0,\quad \begin{vmatrix} 1 & -2 \\ 4 & -8 \end{vmatrix}=0$$

$$\begin{vmatrix} -2 & 7 \\ 1 & 6 \end{vmatrix}=-19\neq 0$$

ようやく rank $A=2$ が分った．こんな計算をいちいちやるのですか」

「人間は結局，愚かなもので，苦労なければ工夫なし．rank は容易に求まらないから求め方を考える人が現れた」

「どんな方法ですか」

「基本変形とか基本操作とか呼ばれている次の3つの操作です．

第1――2つの行をいれかえる．

第2――1つの行に0でない数をかける．

第3――ある行の何倍かを他の行に加える．

列についても同じこと」

「この操作なら行列式の性質で習いました．この操作によって行列の rank は変らないのですか」

「rank を求める操作ですよ．rank が変ったのでは元も子もない．変らないから役に立つのです．変らないのは行列の rank のみではない．連立1次方程式に行っても解が変らない」

「行列式に行ったときは，変りますよ．第1操作によって符号が変る．第2操作では，1つの行をλ倍すると行列式の値がλ倍になる．変らないのは第3操作だけ」

「たしかに，値は変るが，値が0かどうかは変らない．行列式のもとの値をD，操作を行った後の行列式の値をD'として，D'をDで表してごらん」

「第1操作のとき　$D'=-D$

　第2操作のとき　$D'=\lambda D$　$(\lambda\neq 0)$

　第3操作のとき　$D'=D$

なるほど，$D=0$ と $D'=0$ は同値，$D\neq 0$ と $D'\neq 0$ とも同値ですね」

「そうでしょう．変る変らないは，何に目をつけるかによって違う．アバタに目をつけるか，エクボに目をつけるかによって，嫌になったり好きになったり」

「アバタもエクボじゃないですか．好きになれば ……」

「恋は盲目でもよいが，数学では困る」

×　　　　×

「行列の rank が …… 基本操作によって変らないことを証明してみたい」

「その前に応用してみては …… 効用を知れば，証明の意欲も高まるというもの」

「では，先に取り挙げた例で …….

$$A=\begin{pmatrix} -2 & 4 & 7 & -9 \\ 1 & -2 & 6 & -2 \\ 4 & -8 & 5 & 5 \end{pmatrix}$$

簡単にすればよいのだから，要素に0を作る．第2行の2倍と −4 倍をそれぞれ第1行と第3行にたして

$$A_1=\begin{pmatrix} 0 & 0 & 19 & -13 \\ 1 & -2 & 6 & -2 \\ 0 & 0 & -19 & 13 \end{pmatrix}$$

次に …… 第1行を第3行にたすと

$$A_2=\begin{pmatrix} 0 & 0 & 19 & -13 \\ 1 & -2 & 6 & -2 \\ 0 & 0 & 0 & 0 \end{pmatrix}$$

おや，これで rank が分りそう．3次の小行列式の値はすべて0，2次のものでは

$$\begin{vmatrix} 0 & 19 \\ 1 & 6 \end{vmatrix} = -19 \neq 0$$

A_2 の rank は2です」

「だから，もし，基本操作によって rank が変らないものとすれば A の rank も2になる」

「基本操作の有難さが分りました」

「そこで，いよいよ，証明に取りかかる」

× ×

「第1操作から始めます．行列 A の第 i 列と第 j 列をいれかえたものを B として

$$\text{rank}\ A = \text{rank}\ B$$

を証明すればよい．それには ……」

「一気に証明しようとしても無理，A と B の rank をそれぞれ r, s と

おくと，証明することは $r=s$ …… これを2つに分け

$$r \geqq s \quad と \quad r \leqq s$$

を証明しては ……」

「なるほど，2つに分けると，rank の定義の条件の分析結果が役に立ちそう」

「そのための分析だったのです」

「$r \leqq s$ は $r \leqq \mathrm{rank}\, B$ …… これを証明するには，Bにおいて次数がrより大きい小行列式の値がすべて0になることをいえばよい」

「そうそう，その調子です」

「Bの小行列式のうち，次数がrより大きいものを任意に選び，それをVとすると，その成分はもとの行列Aの成分でもあるからAの小行列式でもある．だから ……」

「用心，用心，小行列式というのは，行列から，その行と列の順序をくずさないで，作ったものですよ」

「そうか．AとBでは第i列と第j列の順序が違う．だとするとA'から作った小行列式V'の列の順序はAから作ったものとは同じでない」

「同じこともある．違ったとしても列の順序だけ．そこで，違うときはVの列をいれかえて，Aの列の順序に合せたものを作る．それをV'すると，V'とVの関係は？」

「$V'=-V$」

「列をいれかえた回数は不明ですぞ」

「しまった $V'=V$ か $V'=-V$」

「Aの rank はrで，V'はAの小行列式だとすると ……」

「分った． $V'=0$ …… そこで $V=0$ …… そこで $r \geqq \mathrm{rank}\, B$, すなわち $r \geqq s$ …… 同様にして $r \leqq s$」

「同様って，どういうこと？ 軽々しく，同様にして …… を使いたくないものです」

「$r \leqq s$ は rank $A \leqq s$ …… 次数がsよりも大きい小行列式をAから選

んで …… 同様のことを ……」

「分っているらしい．それなら安心．しかし，もっとスマートに，同様を使う手もありますよ．Bの第i列と第j列をいれかえればAになる．

$$A \underset{i\text{列と}j\text{列をいれかえる}}{\overset{i\text{列と}j\text{列をいれかえる}}{\rightleftarrows}} B$$

つまり第1操作は，それ自身が逆操作なのですよ」

「そうか．Aに第1操作を行ってBを導いたとき$r \leqq s$を証明したのだから …… Bに第1操作を行ってAを導いたとすれば， 証明するまでもなく $s \leqq r$ …… これなら，同様というにピッタリ」

「逆操作を考える効用のサンプルです」

× ×

「自信が出たところで第2操作の場合の証明へ …… 行列Aの第iに0でないλをかけた行列をBとして，$r=s$を証明します．第1操作の証明にならって，はじめに$r \leqq s$を証明する．Bの小行列式のうち，次数がrより大きいものの1つをVとする．Vからλをくり出して$V=rV'$とおくと ……」

「ちょっと待った．VはBの第i列を必ず含みますか」

「いや，恥しい．2つの場合に分けます．VがBの第i列を含まないときは，VはそのままでAの小行列式でもあるから，その値は0である．VがBの第i列を含むときは，λをくくり出して$V=\lambda V'$とおくと，V'はAの小行列式でもあるから，その値は0，したがってVの値も0 …… どの場合にも$V=0$だから$r \leqq \mathrm{rank}\,B$すなわち$r \leqq s$，同様にして$r \geqq s$だから$r=s$」

「同様にして，というところを，もっとくわしく」

「逆操作です．Bの第i列に$\dfrac{1}{\lambda}$をかければAになる．

$$A \underset{\text{第 } i \text{ 列に } \frac{1}{\lambda} \text{ をかける}}{\overset{\text{第 } i \text{ 列に } \lambda \text{ をかえる}}{\rightleftarrows}} B$$

同じ列の λ 倍と $\frac{1}{\lambda}$ 倍とは互に逆操作です」

「軌道に乗って来ましたね．調子をくずさず第３操作へ……」

× ×

「第３操作の場合 …… 行列 A の第 j 列の λ 倍を第 i 列に加えたものを B として，$r=s$ を証明します．はじめに $r \leqq s$ の証明 …… B の小行列式で次数が r より大きいものの１つを V とする．さて V は ……？」

「A と B をくらべて …… 違うのは第 i 列だけ．だから，V がその列を含まないときは問題ない．V は A の小行列式でもあるから，その値は０……」

「むずかしいのは，V が B の第 i 列を含む場合 …… しかし手がかりがない」

「A と B の第 i 列をくらべてみると

$$(B\text{の第 } i \text{ 列})=(A\text{の第 } i \text{ 列})+\lambda(A\text{の第 } j \text{ 列})$$

これが解決のヒントを握っていますね」

「？？……」

「分りませんか．行列式の性質を思い出してごらん．２つの行列式の和に分解される．

$$V=V'+\lambda V''$$

↑ V'：A の第 i 列を含む

↑ V''：A の第 j 列を含む

こういう形に……」

「ピンときません」

「世間では，困ったときは神様に頼る．数学では，困ったときに頼るのは具体例 …… 僕がいつも強調しているように ……，　たとえばこんな具体例はどうですか．

$$A=\begin{pmatrix} a_{11} & \boldsymbol{a}_{12} & a_{13} & a_{14} & \boldsymbol{a}_{15} & \cdots \\ a_{21} & \boldsymbol{a}_{22} & a_{23} & a_{24} & \boldsymbol{a}_{25} & \cdots \\ a_{31} & \boldsymbol{a}_{32} & a_{33} & a_{34} & \boldsymbol{a}_{35} & \cdots \\ \cdots & \cdots & \cdots & \cdots & \cdots & \cdots \\ \cdots & \cdots & \cdots & \cdots & \cdots & \cdots \end{pmatrix}$$

第５列の λ 倍を第２列に加えたものを B とする．

$$B=\begin{pmatrix} a_{11} & \boldsymbol{a}_{12}+\lambda\boldsymbol{a}_{15} & a_{13} & a_{14} & a_{15} & \cdots \\ a_{21} & \boldsymbol{a}_{22}+\lambda\boldsymbol{a}_{25} & a_{23} & a_{24} & a_{25} & \cdots \\ a_{31} & \boldsymbol{a}_{32}+\lambda\boldsymbol{a}_{35} & a_{33} & a_{34} & a_{35} & \cdots \\ \cdots & \cdots\cdots\cdots & \cdots & \cdots & \cdots & \cdots \\ \cdots & \cdots\cdots\cdots & \cdots & \cdots & \cdots & \cdots \end{pmatrix}\begin{matrix}\leftarrow\\ \leftarrow\\ \leftarrow\\ \\ \\ \end{matrix}$$

（第1, 2, 4列の上に ↓）

B の小行列式のうち B の第２列を含むものの１つを，たとえば

$$V=\begin{vmatrix} a_{11} & \boldsymbol{a}_{12}+\lambda\boldsymbol{a}_{15} & a_{14} \\ a_{21} & \boldsymbol{a}_{22}+\lambda\boldsymbol{a}_{25} & a_{24} \\ a_{31} & \boldsymbol{a}_{32}+\lambda\boldsymbol{a}_{35} & a_{34} \end{vmatrix}$$

としてみよう．これを分解することなら君も出来ると思うが」

「こういう具体例ならばやさしい．

$$V=\begin{vmatrix} a_{11} & \boldsymbol{a}_{12} & a_{14} \\ a_{21} & \boldsymbol{a}_{22} & a_{24} \\ a_{31} & \boldsymbol{a}_{32} & a_{34} \end{vmatrix}+\begin{vmatrix} a_{11} & \lambda\boldsymbol{a}_{15} & a_{14} \\ a_{21} & \lambda\boldsymbol{a}_{25} & a_{24} \\ a_{31} & \lambda\boldsymbol{a}_{35} & a_{34} \end{vmatrix}$$

$$=\begin{vmatrix} a_{11} & \boldsymbol{a}_{12} & a_{14} \\ a_{21} & \boldsymbol{a}_{22} & a_{24} \\ a_{31} & \boldsymbol{a}_{32} & a_{34} \end{vmatrix}+\lambda\begin{vmatrix} a_{11} & \boldsymbol{a}_{15} & a_{14} \\ a_{21} & \boldsymbol{a}_{25} & a_{24} \\ a_{31} & \boldsymbol{a}_{35} & a_{34} \end{vmatrix}$$

$$=\quad V' \quad + \quad \lambda V''$$

V' は列の順序が乱れていないから A の小行列式でもあるから U' で表しておく．V'' は列の順序が乱れているが，列を正せばAの小行列式になるから，それを U'' で表すと $V''=-U''$，そこで

$$V=U'-\lambda U''$$

U', U'' はともに 0 だから V も 0 …… これでどうです」

「この例では，これでよいが，一般化のためには資料不足．V'' から U'' を導くときの列のいれかえの回数は，一般には偶数か奇数であるから

$$V=U'+\lambda U'' \quad \text{or} \quad U'-\lambda U''$$

とするのが正しい．まだ，ありますよ．V'' がBの第 i 列と共に第 j 列も含むとき．実例で，たとえば

$$V=\begin{vmatrix} a_{11} & a_{12}+\lambda \boldsymbol{a}_{15} & \boldsymbol{a}_{15} \\ a_{21} & a_{22}+\lambda \boldsymbol{a}_{25} & \boldsymbol{a}_{25} \\ a_{31} & a_{23}+\lambda \boldsymbol{a}_{35} & \boldsymbol{a}_{35} \end{vmatrix}$$

$$=\begin{vmatrix} a_{11} & a_{12} & a_{15} \\ a_{21} & a_{22} & a_{25} \\ a_{31} & a_{23} & a_{35} \end{vmatrix} +\lambda \begin{vmatrix} a_{11} & \boldsymbol{a}_{15} & \boldsymbol{a}_{15} \\ a_{21} & \boldsymbol{a}_{25} & \boldsymbol{a}_{25} \\ a_{31} & \boldsymbol{a}_{35} & \boldsymbol{a}_{35} \end{vmatrix}$$

↑ ↑
等しい

V'' には等しい 2 列があるから，$V''=0$

$$\therefore \quad V=V'$$

結局，V がBの第 i 列を含む場合をまとめると

$$V=U' \quad \text{or} \quad U'+\lambda U'' \quad \text{or} \quad U'-\lambda U''$$

ここで U', U'' の値は 0 だから V の値も 0 …… $V=0$ ならば $r\leqq s$」

「同様にして $r\geqq s$」

「同様の中味は？」

「第 3 操作の逆操作は？ …… BからAを導くもの …… それは …… Bで第 j 列の $-\lambda$ 倍を第 i 列にたすもの．

$$A \underset{\text{第}\,j\,\text{行の}\,-\lambda\,\text{倍を第}\,i\,\text{行にたす}}{\overset{\text{第}\,j\,\text{行の}\,\lambda\,\text{倍を第}\,i\,\text{行にたす}}{\rightleftarrows}} B$$

逆操作も第3操作だから同様にして $r \geqq s$，まとめて $r=s$」

「遂にやりましたね」

×　　　　　×

「行列式には，行と列をいれかえる操作がありました．この操作で行列式の値は変らなかった．行列に行ったとしたら，rank は ……」

「その操作の名は転置で，行列 A の転置はふつう ${}^tA$ で表すし，A の行列式は $|A|$ で表すことにすれば

$$|{}^tA|=|A|$$

行列の rank の定義に，この行列式の性質を考慮すれば，rank が変らないことは自明に近いですね．すなわち

$$\text{rank}\,{}^tA=\text{rank}\,A$$

もし不安なら，自力で証明してみなさいよ」

×　　　　　×

「rank が見て分る …… そんな形の行列があるといいですが ……」

「触覚派の君らしい願望ですね．ではサンプルを1つ．

$$A=\left(\begin{array}{ccc|cc} 1 & 0 & 0 & 0 & 0 \\ 0 & 1 & 0 & 0 & 0 \\ 0 & 0 & 1 & 0 & 0 \\ \hline 0 & 0 & 0 & 0 & 0 \end{array}\right) \cdots\cdots(\text{I})$$

rank は？」

「3です」

「凹凸があれば，触っても分る．しかし，これは行列の骨格のようなもの．行列をここまで変えるのは容易でない．そこで，この一歩手前の形を …….

$$B=\left(\begin{array}{ccc|cc}1&0&0&*&*\\0&1&0&*&*\\0&0&1&*&*\\\hline 0&0&0&0&0\end{array}\right)\cdots\cdots(\text{II})$$

これならどう？」

「スター印のところはなんですか」

「どんな数でもよいもの」

「そうか．スターに関係なくAの rank は3です」

「もっと肉づきのよいのを希望ならば

$$C=\left(\begin{array}{ccc|cc}3&*&*&*&*\\0&2&*&*&*\\0&0&5&*&*\\\hline 0&0&0&0&0\end{array}\right)\cdots\cdots(\text{III})$$

この rank は？」

「見ただけでは分りません」

「そんなことはない．三角行列式を思い出してごらん」

「わかった．三角行列式の値は対角要素の積であった．

$$\begin{vmatrix}3&*&*\\0&2&*\\0&0&5\end{vmatrix}=3\cdot2\cdot5\neq0$$

Cの rank は3です」

「行列をこの形にかえるのには苦労しない」

「基本操作のみで？」

「もちろん．それを具体例で学ぶことにしよう．

$$A=\begin{pmatrix}0&4&7&3&11\\-1&3&3&2&5\\-3&5&2&3&4\\2&-2&1&-1&1\end{pmatrix}$$

要素 a_{11} を 0 でない数にするため，第2行の符号をかえ，第1行といれかえよう．

$$A_1=\begin{pmatrix} 1 & -3 & -3 & -2 & -5 \\ 0 & 4 & 7 & 3 & 11 \\ -3 & 5 & 2 & 3 & 4 \\ 2 & -2 & 1 & -1 & 1 \end{pmatrix}$$

第1列の要素に0を作るため，第1行の3倍，−2倍 をそれぞれ第3行，第4行 にたすと

$$A_2=\begin{pmatrix} 1 & -3 & -3 & -2 & -5 \\ 0 & 4 & 7 & 3 & 11 \\ 0 & -4 & -7 & -3 & -11 \\ 0 & 4 & 7 & 3 & 11 \end{pmatrix}$$

この先は君にまかせます」

「第2行を第3行にたし，第2行を第4行から引く．

$$A_3=\left(\begin{array}{cc:ccc} 1 & -3 & -3 & -2 & -5 \\ 0 & 4 & 7 & 3 & 11 \\ \hdashline 0 & 0 & 0 & 0 & 0 \\ 0 & 0 & 0 & 0 & 0 \end{array}\right)$$

目的の形になりました．A_3 の rank は2です．基本変形によって行列の rank は変らないからAの rank も2です」

× ×

「具体例で学んだことは，一般化によって総仕上げをしておきたいものです．どんな行列も，先の形に変えられること明かにしよう．

$$A=\begin{pmatrix} a_{11} & a_{12} & \cdots & \cdots & a_{1n} \\ a_{21} & a_{22} & \cdots & \cdots & a_{2n} \\ \cdots & \cdots & \cdots & \cdots & \cdots \\ \cdots & \cdots & \cdots & \cdots & \cdots \end{pmatrix}$$

Aの要素がすべて0ならば変形の必要がなく，$\text{rank}\,A=0$．もしAの要素に0でないものがあったら，その1つを，行のいれかえと列のいれかえによって，(1, 1) の位置へ移す．その行列を

$$B=\begin{pmatrix} b_{11} & b_{12} & \cdots & \cdots & b_{1n} \\ b_{21} & b_{22} & \cdots & \cdots & \cdots \\ \cdots & \cdots & \cdots & \cdots & \cdots \\ \cdots & \cdots & \cdots & \cdots & \cdots \end{pmatrix}$$

と表しておく．次に第1行の $\dfrac{b_{21}}{b_{11}}$ 倍, $\dfrac{b_{31}}{b_{11}}$ 倍,…… を第2行,第3行,…… からひく．

$$C=\left(\begin{array}{c|cccc} b_{11} & b_{12} & \cdots & \cdots & b_{1n} \\ \hline 0 & c_{22} & \cdots & \cdots & c_{2n} \\ 0 & \cdots & \cdots & \cdots & \cdots \\ 0 & \cdots & \cdots & \cdots & \cdots \end{array}\right)$$

次に第1行と第1列を除いた行列についても全く同じことを試みると，次の形にかわる．

$$D=\begin{pmatrix} b_{11} & b_{12} & \cdots & \cdots & b_{1n} \\ 0 & d_{22} & \cdots & \cdots & d_{2n} \\ 0 & 0 & \cdots & \cdots & \cdots \\ 0 & 0 & \cdots & \cdots & \cdots \end{pmatrix}$$

以下同様のことを試みると，やがて目的の形が現れ， rank は見ただけで分る，となるのです」

×　　　　　　×

「おかげで rank は自信がつきました」

「そうか．それなら，練習を1題追加しよう．

$$A=\begin{pmatrix} 2 & k & k \\ k & 2 & k \\ k & k & 2 \end{pmatrix}$$

基本操作のみでやるのですよ．文字を含むから注意して……」

「第1行を2で割って ……」

「分数は避けたいね．第1行を2で割る代りに第2行と第3行を2倍しては ……」

「そういう手もあるのですね．

$$A_1=\begin{pmatrix} 2 & k & k \\ 2k & 4 & 2k \\ 2k & 2k & 4 \end{pmatrix}$$

第1行の k 倍を第2, 3行からひくと

$$A_2=\begin{pmatrix} 2 & k & k \\ 0 & 4-k^2 & 2k-k^2 \\ 0 & 2k-k^2 & 4-k^2 \end{pmatrix}$$

$4-k^2$ が0かどうかで場合を分ける」

「いや，第2, 3行は $2-k$ を共通因数にもつから $2-k$ で割っては？」

「$2-k$ が0だったら割れない！」

「もちろん，0かどうかで分けて」

「$k=2$ のとき

$$A_3=\begin{pmatrix} 2 & 2 & 2 \\ 0 & 0 & 0 \\ 0 & 0 & 0 \end{pmatrix} \qquad \mathrm{rank}\, A=1$$

$k \neq 2$ のとき A_2 において，第2, 3行を $2-k$ で割る．

$$A_4=\begin{pmatrix} 2 & k & k \\ 0 & 2+k & k \\ 0 & k & 2+k \end{pmatrix}$$

また場合分けか．$k=-2$ のとき ……」

「その前に第2行から第3行を引いては」

「なるほど．

$$A_5=\begin{pmatrix} 2 & k & k \\ 0 & 2 & -2 \\ 0 & k & 2+k \end{pmatrix}$$

第2行を2で割って

$$A_6=\begin{pmatrix} 2 & k & k \\ 0 & 1 & -1 \\ 0 & k & 2+k \end{pmatrix}$$

第2行のk倍を第3行から引くと

$$A_7=\begin{pmatrix}2 & k & k\\0 & 1 & -1\\0 & 0 & 2+2k\end{pmatrix}$$

$k=-1$ のとき

$$A_8=\begin{pmatrix}2 & -1 & -1\\0 & 1 & -1\\0 & 0 & 0\end{pmatrix}\quad \mathrm{rank}\,A=2$$

$k\neq -1$ のとき A_7 において，第3行を $1+k$ で割って

$$A_9=\begin{pmatrix}2 & k & k\\0 & 1 & -1\\0 & 0 & 2\end{pmatrix}\quad \mathrm{rank}\,A=3$$

出来ました」

「答をまとめるのです」

「$k=2$ のとき …… $\mathrm{rank}\,A=1$

$k=-1$ のとき …… $\mathrm{rank}\,A=2$

$k\neq 2, -1$ のとき …… $\mathrm{rank}\,A=3$

基本変形の偉力に驚きました」

7
Dim で泣いて Rank で笑う
—*Rank*の第２面相—

Ｒ大のＳ君が，数学の質問に人生相談を兼ね，訪ねて来た．いや，逆であろうか …… 主客のはっきりしないのが，この頃の学生気質というものであろう．

数学にも主客の転倒はある．p から q を導いたとき，p を主とみれば q は客である．この主客の転倒は q を仮定して p を導くこと．数学は，いや，数学者は，この種の主客の転倒を楽しんでいるかのようにみえる．数学の学習も，ここまでくれば，数学のおもしろさが分って来たきざしであろうが．

×　　　　　×

「線型代数の講義が，だいぶ，すすんだろ」
「いま，行列のランクです」
「穴場ですね」
「とんでもない，岩場です．途中で息が切れそう ……それで，お願いに ……」
「つまずいたのはどこか」
「それが，ハズカシナガラ …… はっきりしないのです．ノートを読むと，一行一行のつながりは分るのに …… 読み終ってみるとサッパリ．分ったようで分っていない」

「そうか．数学に限らず，よくあることだ．1つ1つの話はおもしろいが，終ってみればあほらしい．おしゃべりの得意な女性に …… いや，タレント学者の話にもあるね．ところで君の習った定義 …… 行列のランクはどんな定義か」

「ベクトル空間の次元で ……」

「それだけきけば，あとは分る．行列 A を (l, m) 型とし，それを列ベクトルによって

$$A=(\boldsymbol{a}_1, \boldsymbol{a}_2, \cdots, \boldsymbol{a}_m)$$

と表せば，これらのベクトルの作るベクトル空間が考えられる．それを

$$W=[\boldsymbol{a}_1, \boldsymbol{a}_2, \cdots, \boldsymbol{a}_m]$$

としたとき，W の次元を A のランクときめたのでしょう」

「そう，その通りです．

$$\mathrm{rank}\, A=\dim W$$

この定義は分るのです」

「じゃ，モヤモヤしてるのは，この後 …… ランクの性質か」

「いえ，その先です」

「先といえば次元 …… なるほど．ありうることだ．次元によってランクを定義する流儀は …… 次元を分っていることが前提 …… ところが，次元は ……」

「その次元がモヤモヤ ……」

「もともと，この流儀は，“次元で泣いてランクで笑う”というやつ」

「それ，どういう意味ですか」

「次元の理解で苦労するが，それを済しておけばランクのことはスイスイということ」

「先生ならば，次元のこともスイスイと分らしてもらえる …… そう期待して来たのですが」

「君は虫がいいね．そんなこと，簡単に出来るもんじゃない．とにかく，一歩さがり，次元を見直そう．君の習った次元は ……」

「定義はこれ」とS君はノートを2,3枚めくった．相変らず乱暴な字．

> V：ベクトル空間
> dim V：Vの中で1次独立な元の個数の最大値

「たった，これだけ !?」

「僕たちの先生，早口で，これだけかくのが精一ぱい」

「そういうときはね，頭の中に入れておき …… あとで整理すればよい．祭のあとの庭掃除 …… 余韻を楽しみながら …… ノートのとり方は，そうありたいよ」

「僕には，そんな余裕がないです」

「余裕あれども余韻なしか」

「だから，その余韻を ……」

「虫がいいぞ．おそらく先生は，この板書に関連して，1次独立なベクトルの存在のようすを解説したと思うね．次元とは …… 空間の拡がりの程度 …… 小さい空間から探りをいれることになろう．最も小さいベクトル空間は？」

「空集合です」

「盲点第1号．余韻どころじゃない．ベクトル空間としては……空集合を考えないのが常識．こんなの考えてモノの役には立たないのだ」

「しまった．最も小さいのは …… ゼロベクトルだけの $V_0=\{\mathbf{0}\}$ …… ゼロベクトルはそれ自身で1次従属だから1次独立な元がない」

「いいかえれば …… あるはずのもの，あってほしいもの，そのない状態を表すのがゼロ」

「分った．1次独立な元は0個 …… 次元を0と定める」

「0と考える，とゆきたいね」

「どう違うのですか」

「“定める” では，含みに欠ける．コトバのセンスの問題．分るかな …… 分らないだろうね」

「数学がヨチヨチなのに，コトバまでは ……」

「では，V_0 より大きいベクトル空間 V へすすもう．V にはゼロベクトルでないものが必ずある．その１つを $\boldsymbol{a}$ とすると，$\boldsymbol{a}$ は ……」

「１次独立です」

「V には１次独立な何個かの元が必ずある」

「当然，その最大個数があって，それが V の次元です」

「そら，盲点第２号」

「１次独立な元が存在したからといって，最大個数があるといえますかね」

「そんなベクトル空間あるのですか」

「習いませんか．たとえば，実数が限りなく並んだもの …… つまり数列

$$(x_1, x_2, x_3, x_4, \cdots\cdots)$$

これもベクトルですが」

「習った」

「そんなら，分るはず．２つの数列

$$(1, 0, 0, 0, \cdots\cdots) \text{ と } (0, 1, 0, 0, \cdots\cdots)$$

は１次独立．３つの数列

$$(1, 0, 0, 0, 0, \cdots\cdots)$$
$$(0, 1, 0, 0, 0, \cdots\cdots)$$
$$(0, 0, 1, 0, 0, \cdots\cdots)$$

も１次独立．さらに４個の数列 ……」

「分った．１次独立な元を何個でも作ることができる」

「もっと正確にいえば，どんな自然数 r を与えられても，必ず，r 個の１次独立な数列がある．だから，r には最大値がない」

「いや，うかつ．Vを2つの場合に分けて

$$\begin{cases} r\text{に最大値があるとき} \\ r\text{に最大値がないとき} \end{cases}$$

rに最大値があるときは，その最大値をnとすると$\dim V=n$，rに最大値がないときは $\dim V$ はない」

「“ない”のひとことで済ます気か．実体は，さように単純ではないのに……」

「rはいくらでも大きくとれるから，次元を無限大とする」

「それを表す記号がほしい．というわけで $\dim V=\infty$ とかく．さらに，次元が有限のときは $\dim V<\infty$ と……．次元が0の場合も含めて総括すれば

$$V\text{の次元が有限のとき}\quad 0\leqq\dim V<\infty$$
$$V\text{の次元が無限のとき}\quad \dim V=\infty$$

どう？　君のノートとくらべて」

「僕のは骸骨みたい」

「肉付きをよくすることです．講義を回想しながら，君独自のものも補って……．わがノートは，ガールフレンドのコピーのみ……なんていうのは最低ですな」

「そこまで見抜かれては……」

定義はしたけれど

「さて，いまの次元の定義から直接分るのはなにか．すでに分ったのは $\{\mathbf{0}\}$ の次元が0で，無限数列の作るベクトル空間の次元は ∞ であること．このほかに……」

「僕が知りたいのは，n項ベクトル

$$\boldsymbol{x}=(x_1, x_2, \cdots\cdots, x_n)$$

の作る空間 $\boldsymbol{R}^n$ の次元です」

「3項の場合の $\boldsymbol{R}^3$ に当ってみれば十分」

「$\boldsymbol{R}^3$ では，3つのベクトル

$$\boldsymbol{e}_1=(1,0,0),\quad \boldsymbol{e}_2=(0,1,0),\quad \boldsymbol{e}_3=(0,0,1)$$

は1次独立で …… 任意のベクトルが

$$\begin{aligned}\boldsymbol{x}&=(x_1,x_2,x_3)\\&=(x_1,0,0)+(0,x_2,0)+(0,0,x_3)\\&=x_1(1,0,0)+x_2(0,1,0)+x_3(0,0,1)\\&=x_1\boldsymbol{e}_1+x_2\boldsymbol{e}_2+x_3\boldsymbol{e}_3\end{aligned}$$

となって，$\boldsymbol{e}_1, \boldsymbol{e}_2, \boldsymbol{e}_3$ の1次結合 …… だから，次元の定義によって $\boldsymbol{R}^3$ の次元は3」

「盲点第3号」

「いけませんか」

「結果は正しいが推論があいまい．一体，どこに，どう，定義を用いた」

「全体にです」

「君が $\boldsymbol{R}^3$ について知ったことは整理すれば2つになる．

(1)　$\boldsymbol{e}_1, \boldsymbol{e}_2, \boldsymbol{e}_3$ は1次独立である．

(2)　任意のベクトルは $\boldsymbol{e}_1, \boldsymbol{e}_2, \boldsymbol{e}_3$ の1次結合で表される．

次元の定義を適用したのは，どこか」

「ようやく分った．(1) です．(1) によると $\boldsymbol{R}^3$ に1次独立な3つのベクトルが存在する．これに次元の定義をあてはめて分ることは …… $\boldsymbol{R}^3$ の次元は3以上」

「分ったのは $\dim \boldsymbol{R}^3 \geqq 3$ であって $\dim \boldsymbol{R}^3=3$ ではない」

「でも，(2) が残っている」

「読みかえしてごらん．このままでは，次元の定義と結びつかない」

「残念．(2) を定義と結びつけるには …… ？」

「$\dim \boldsymbol{R}^3 \geqq 3$ は分ったのだから，等号が成り立つことを導くには $\dim \boldsymbol{R}^3 \leqq 3$ を明かにすればよい．それには ……」

「R^3 の4つのベクトルはすべて1次従属になることを示せばよい」
「そう．それでこそ次元の定義と結びつく」
「でも，4つのベクトルが1次従属であることが出ない」
「それを導くのが，僕の名づけた関が原定理なのだ」
「関が原定理？」
「1次独立，従属に関する次の定理」

---------- 関が原定理 ----------

r 個のベクトルの $(r+1)$ 個の1次結合はすべて1次従属である．

「意味がとりにくい」
「たしかに．r 個のベクトルがあるとき，その1次結合を $(r+1)$ 個作ると，それらの $(r+1)$ 個のベクトルは1次従属になる，という意

R^3 の性質

```
(1) 3つの1次独立     (2) すべての元は
    な元 e₁,e₂,e₃ が       e₁,e₂,e₃ の1次結
    存在する              合で表される

    次元の              関が原
    定 義               定 理

                    (3) 4つの元はすべ
                        て1次従属である

                        次元の
                        定 義

    dim R³ ≧ 3           dim R³ ≦ 3

            dim R³ = 3
```

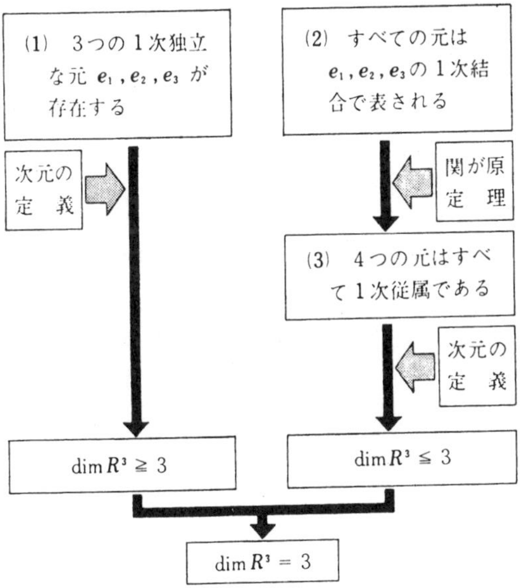

味．分ったかね」

「はい．バッチリ」

「そうか．そんなら，この定理を (2) と結びつけるのは易しいはず」

「分った．$\boldsymbol{R}^3$ の4つのベクトルを $\boldsymbol{a}_1, \boldsymbol{a}_2, \boldsymbol{a}_3, \boldsymbol{a}_4$ とすると，これらは3つのベクトル $\boldsymbol{e}_1, \boldsymbol{e}_2, \boldsymbol{e}_3$ の1次結合 …… ここで，関が原定理をあてはめると，$\boldsymbol{a}_1, \boldsymbol{a}_2, \boldsymbol{a}_3, \boldsymbol{a}_4$ は1次従属」

「この4つは $\boldsymbol{R}^3$ の任意のベクトル」

「ついに次元の定理と結びついて $\dim \boldsymbol{R}^3 \leqq 3$」

「いままでの推論を図式化し，構図的に把握しようではないか」

「一般化はやさしい．$\dim \boldsymbol{R}^n = n$」

「結果のみが推論過程の一般化もやさしい」

部分空間の次元へ

「$\boldsymbol{R}^n$ の次元はわかった．次に知りたいものは？」

「もちろん，$\boldsymbol{R}^n$ の部分空間Uの次元」

「君の予想は？」

「Uの次元は $\boldsymbol{R}^n$ の次元 n を越えない」

「常識的，いや，健全な予想ですよ」

「常識も健全もないですよ．U は $\boldsymbol{R}^n$ の一部分ですから」

「予想の根拠がその程度とは心もとない．確認してほしいね」

「わけない．Uの次元を r とすると，Uには r 個の1次独立なベクトルがある．それらのベクトルは $\boldsymbol{R}^n$ に属するから，$\boldsymbol{R}^n$ には r 個の1次独立なベクトルがある．したがって，次元の定義から $\boldsymbol{R}^n$ の次元は r より小さくない．式でかくと $r \leqq \dim \boldsymbol{R}^n$，$r \leqq n$」

「見事，といいたいところだが，またも盲点 …… 第4号」

「ほんとですか」

「意地悪ばあさんでゆくよ．君は …… こともなげに“Uの次元を r とする”とやったね」

「はい．自明だから ……」

「そこが問題なのだ．U の次元が有限であるという根拠は ……」

「R^n の次元は有限で，U は R^n の部分空間だから ……」

「そんな素朴な論理でよいですかね．"人間は宇宙にくらべればケシつぶのように小さいが，1人の生命は全宇宙よりも重い"との名言を残した人もおる」

「パスカル …… じゃないですか」

「ほう．君も意外と学がある．いいですか，U と R^n の包含とそれらの次元の大小とは，異質なものの比較 …… 素朴な論理の限界ということもある．ガッチリした論理でないと不安．基礎的なところで意外に強力な推論に背理法がある」

「背理法ね．ああ，そうか．U の次元は有限か無限 …… 有限でないとすると無限 …… どんな自然数 r に対しても，1次独立な r 個のベクトルが U にある．したがって …… R^n でもそうなる．ということは，次元の定義によると R^n の次元は無限大 …… 矛盾」

「ほう．やりましたね．これを補えば君の前の証明は完璧．成果を総括しておこう」

R^n の部分空間の次元

R^n の次元は n	U は R^n の部分空間

⬅ 次元の定義

$$\dim U \leq \dim R^n = n$$

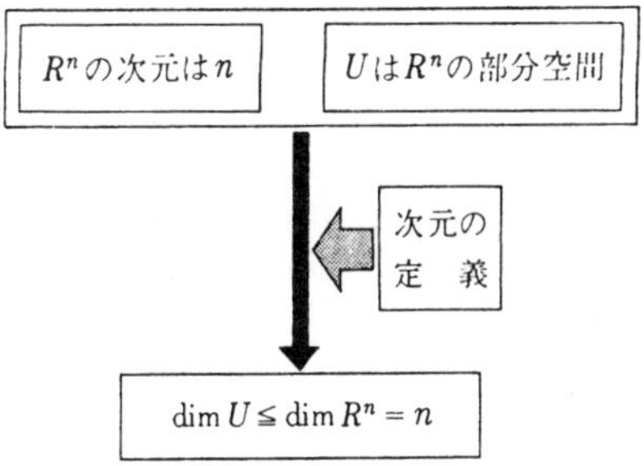

「この定理も一般化可能」

「アナロジーで知識を拡げるのは楽しいもの」

「$\boldsymbol{R}^n$ の2つの部分空間を U, V とすると

$$U \subset V \text{ ならば } \dim U \leqq \dim V$$

つまり，ベクトル空間では，包含関係から次元の大小関係が分るということ」

「アナロジーを処世術へ拡張すれば，資産に不相応なギャンブルはやるものじゃないということ」

× ×

「$\boldsymbol{R}^n$ で部分空間 U の次元の限界は分った．しかし，次元がズバリと分らないのでは ……」

「君のは“無いものねだり”だ」

「無いもの …… ？」

「U の内容が何も与えられていない．内容不明ならば次元も不明は当然」

「分った．U を張るベクトルでしょう」

「そう．それが U の内容の与え方の基本的なもの．$\boldsymbol{R}^n$ の部分空間では ……．たとえば，U を張るベクトルが $\boldsymbol{a}_1, \boldsymbol{a}_2, \cdots\cdots, \boldsymbol{a}_m$ であるとき，式でかけば

$$U = [\boldsymbol{a}_1, \boldsymbol{a}_2, \cdots\cdots, \boldsymbol{a}_m]$$

これなら，次元について，前よりもましな情報が期待できよう」

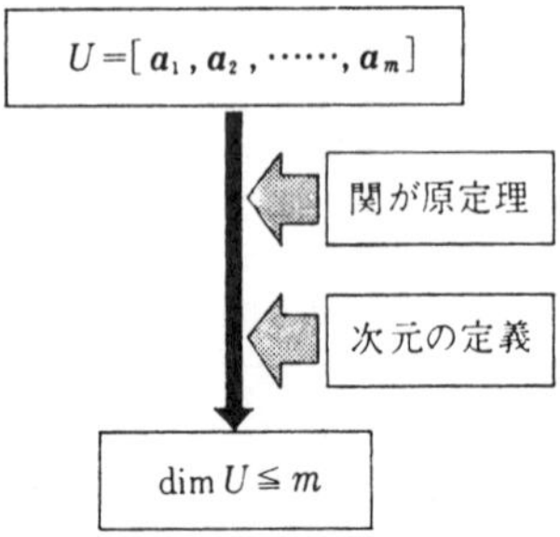

「分った．関が原定理をあてはめる．U のベクトルは $a_1, a_2, \ldots, a_m$ の1次結合．したがって …… その $(m+1)$ 個は必ず1次従属 …… さらに次元の定義で …… U の次元は m より大きくなり得ない」

「推論が身について来たのは頼母しい」

「しかし，期待はずれ．U の次元ベクトルがズバリとは出ない」

「君のは相変らず無いものねだり．U を張るベクトルは分ったものの，次元と関係の深い1次独立についての情報がない」

「そうか．いや，当然ですね．もし，U を張るベクトル $a_1, a_2, \ldots, a_m$ が1次独立であったら ……」

「強力な情報！ 期待がもてよう」

「U の m 個のベクトルが1次独立ならば．次元の定義から，U の次元は m より小さくない．

$$\dim U \geqq m$$

おや，前の結果と組合せて

$$\dim U = m$$

次元がズバリ分った」

$$U = [\underbrace{a_1, a_2, \ldots, a_m}_{\text{1次独立}}]$$

⇩ 関が原定理 次元の定義

$$\dim U = m$$

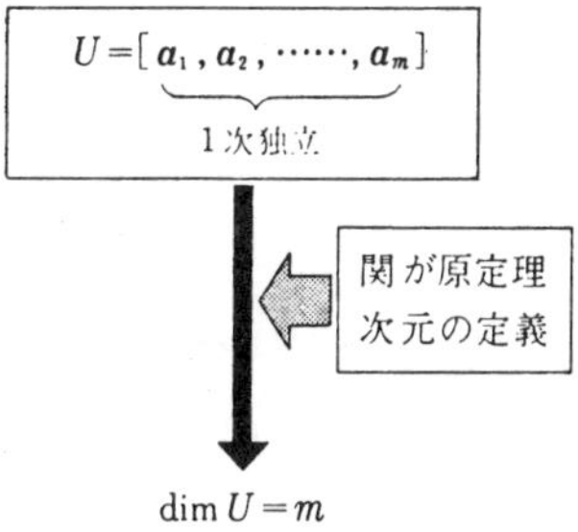

「空間を張り …… しかも，1次独立なベクトルの組の名は基底 …… これを用いて，いま分ったことをいいかえれば ……

| 基底のベクトルの個数 | = | 次元 |

いたって明解な定理です」

× ×

「ゴールに近づいて来ましたね」

「あとひと息です．いまの定理はUを張るベクトルが1次独立な場合．だから，もし1次独立でなかったら無力．さて，そのときはどうすればよいか」

「なんでもない．Uを張るベクトル $\boldsymbol{a}_1, \boldsymbol{a}_2, \cdots\cdots, \boldsymbol{a}_m$ の中で1次独立なものの最大個数がUの次元」

「それ予想か結論か」

「もちろん結論．次元の定義にもとづく」

「またまた盲点」

「2度あることは3度ある」

「いや，4度あることは5度あるで，盲点第5号ですよ．次元の定義を読み返してごらん．Uの次元というのは，Uのベクトルの中で1次独立なものの最大個数 …… ところが ……」

「分った．“Uのベクトルの中で ……” という条件を忘れていた．“$\boldsymbol{a}_1, \boldsymbol{a}_2, \cdots\cdots, \boldsymbol{a}_m$ の中で” 考えたのでは範囲がせまい．しかし，これでは次元の定義が使えない」

「だから，君の推論は盲点なのだ」

「弱った．行止りです」

「しおれる程の難関ではない．頼りになるのは前の定理だから，1次独立な最大個数のベクトルによってUが張られることを示せばよい．最大個数を r とし，$\boldsymbol{a}_1, \boldsymbol{a}_2, \cdots\cdots, \boldsymbol{a}_m$ のうち $\boldsymbol{a}_1, \boldsymbol{a}_2, \cdots\cdots, \boldsymbol{a}_r$ が1次独立としよう」

「ちょうど，うまく，はじめの方の r 個が1次独立になるなんて，めったにありませんが」

「そのときは1次独立なものをはじめの方へ移し，番号をつけかえておけばよい」

「なるほど，そういう手があるとは ……」

「目標はUが $\boldsymbol{a}_1, \boldsymbol{a}_2, \cdots\cdots, \boldsymbol{a}_r$ によって張られることを示すこと．それには

$$U=[\boldsymbol{a}_1, \boldsymbol{a}_2, \cdots\cdots\cdots, \boldsymbol{a}_m]$$
$$U'=[\boldsymbol{a}_1, \boldsymbol{a}_2, \cdots, \boldsymbol{a}_r]$$

とおいて $U=U'$ を示せばよい」

「なるほど，うまい手があるものですね」

「$U=U'$ を示すには，$U\subset U'$ と $U'\subset U$ を示せばよい．やさしい方から ……」

「$U'\subset U$ がやさしそう．$\boldsymbol{x}\in U'$ とすると

$$\boldsymbol{x}=p_1\boldsymbol{a}_1+p_2\boldsymbol{a}_2+\cdots+p_r\boldsymbol{a}_r$$

さて，これがUに属すればよいのだが ……」

「なんでもないね．ゼロベクトルを補えばよい．$0\cdot\boldsymbol{a}_i$ は $\boldsymbol{0}$ です」

「なんだ．

$$\boldsymbol{x}=p_1\boldsymbol{a}_1+p_2\boldsymbol{a}_2+\cdots+p_r\boldsymbol{a}_r+0\cdot\boldsymbol{a}_{r+1}+\cdots+0\cdot\boldsymbol{a}_m$$

$\boldsymbol{x}\in U$ だから $U'\subset U$.

次に挑戦は $U\subset U'$ の証明．$\boldsymbol{y}\in U$ とすると

$$\boldsymbol{y}=q_1\boldsymbol{a}_1+\cdots+q_r\boldsymbol{a}_r+\cdots+q_m\boldsymbol{a}_m \qquad ①$$

これが U' に属するためには第$(r+1)$項以上が消えればよい．“邪魔者よ消えよ！”といいたいが ……」

「君のオカルトも無力か．消すといっても消しゴムで消すようなわけにはいかない．頼りになるのは仮定 …… r は1次独立なベクトルの最大個数 …… したがって ……$(r+1)$個のベクトル $\boldsymbol{a}_1, \cdots\cdots, \boldsymbol{a}_r, \boldsymbol{a}_{r+1}$ は1次従属 …… 式でかくと

$$\begin{cases} \lambda_1\boldsymbol{a}_1+\cdots+\lambda_r\boldsymbol{a}_r+\lambda_{r+1}\boldsymbol{a}_{r+1}=\boldsymbol{0} & ② \\ \lambda_1, \cdots, \lambda_r, \lambda_{r+1} \text{ の少くとも1つは0でない.} \end{cases}$$

これをみたす λ_1, …… が存在．②を用いて①から $\boldsymbol{a}_{r+1}$ を消去できないか」

「消去するには②を $\boldsymbol{a}_{r+1}$ について解く …… それには $\lambda_{r+1}\neq 0$ がほしい．しかし ……」

「苦しいときの神頼みは …… 背理神社」

「背理神社とはおもしろい」

「神頼みの内容というのは，たいてい虫のよいもので理に背く．もっとも背理法そのものは論理にかなった証明法で，理に背いてはいないのだが」

「では背理法で ……．$\lambda_{r+1}=0$ としてみると②から

$$\begin{cases} \lambda_1\boldsymbol{a}_1+\cdots+\lambda_r\boldsymbol{a}_r=\boldsymbol{0} \\ \lambda_1, \cdots, \lambda_r \quad \text{の少くとも1つは0でない．} \end{cases}$$

おや，これが成り立てば $\boldsymbol{a}_1, \cdots, \boldsymbol{a}_r$ は1次従属 …… となって仮定の1次独立に矛盾．御利益のある神社．おかげで $a_{r+1}\neq 0$ が確認できた．②を $\boldsymbol{a}_{r+1}$ について解いて

$$a_{r+1}=\left(-\frac{a_1}{a_{r+1}}\right)\boldsymbol{a}_1+\cdots+\left(-\frac{a_r}{a_{r+1}}\right)\boldsymbol{a}_r$$

これを①に代入すると $\boldsymbol{a}_{r+1}$ が消去される．同様のことを繰り返せば $\boldsymbol{a}_{r+2}, \cdots, \boldsymbol{a}_m$ が消去され，$\boldsymbol{y}$ は $\boldsymbol{a}_1, \cdots, \boldsymbol{a}_r$ の1次結合になるから

$$\boldsymbol{y}\in U'$$

$$U\subset U'$$

$$U=U'=[\boldsymbol{a}_1, \boldsymbol{a}_2, \cdots\cdots, \boldsymbol{a}_r]$$

$$\dim U=r$$

万事終った．分った定理をまとめてみる」

「途中で現れた推論に重要なところがあった．これを定理に昇格させては ……」

$U=[\boldsymbol{a}_1, \boldsymbol{a}_2, \cdots\cdots, \boldsymbol{a}_m]$ の次元

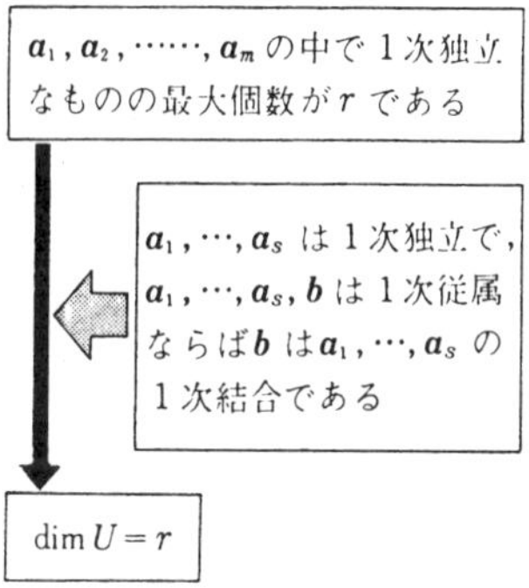

「これで，行列のランクを定める準備が完全に出来た．(l, m) 型の行列を縦に切ると

$$A=\left(\begin{array}{c|c|c|c} a_{11} & a_{12} & \cdots\cdots & a_{1m} \\ a_{21} & a_{22} & \cdots\cdots & a_{2m} \\ \cdots & \cdots & \cdots\cdots & \cdots \\ a_{l1} & a_{l2} & \cdots\cdots & a_{lm} \end{array}\right)$$

m 個の列ベクトルになる．それを

$$A=(\boldsymbol{a}_1, \boldsymbol{a}_2, \cdots\cdots, \boldsymbol{a}_m)$$

とすると，これに対応して $\boldsymbol{R}^l$ の部分空間

$$W=[\boldsymbol{a}_1, \boldsymbol{a}_2, \cdots\cdots, \boldsymbol{a}_m]$$

が定まる．そこで W の次元を A のランクと定義すればよい．すなわち

$$\mathrm{rank}\ A=\dim W$$

と定めるのです」

ランクを定義はしたけれど

「ランクを定義はしたけれど ……」

「求めるのは簡単でないといいたいのか」

「そう．列ベクトルのうち，どれが1次独立やら見分けがつかない．かりに，1次独立であることが分ったとしても，ベクトルの個数が最大かどうかも不明」

「"天は2物を与えず"の諺がある．定義はやさしいが，求め方はサッパリ，逆に求め方はうまくいくが定義はどうもということが多いものだ．特に行列のランクはそんな気がする．宿命と思って，求め方を別に考えればよい」

「基本操作で標準形を導くのが …… ？」

「そう．あれが代表的方法です」

$$\begin{pmatrix} a_{11}, \cdots\cdots, a_{1m} \\ a_{21}, \cdots\cdots, a_{2m} \\ \cdots \cdots\cdots \cdots \\ a_{l1}, \cdots\cdots, a_{lm} \end{pmatrix} \xrightarrow{\text{基本操作}} \begin{pmatrix} E_r & O \\ O & O \end{pmatrix}$$

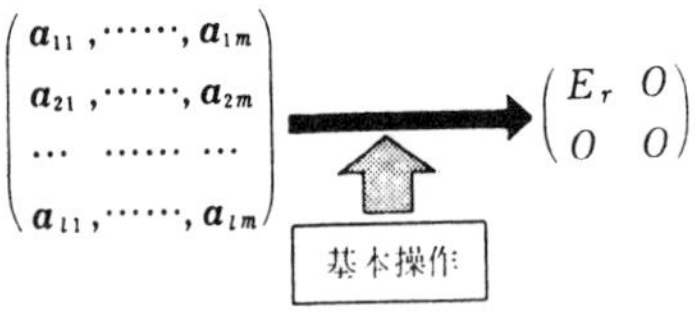

「でも，この方法を保証している裏方は"ランクが基本操作によって不変"という定理でしょう」

「もちろん」

「僕は，この定理が苦手 …… 証明に用いる定理に自信がない」

「やっかいな御人．次から次と戻り出したら切りがないよ．ころがり出した石みたいなもの，谷底でドシンではね．君が証明に用いる定理というのは，おそらく

$$\text{rank } AB \leq \text{rank } A, \text{rank } B$$

でしょう」

「そう．その証明がはっきりしない」

「やり出したらきりがない．この定理の解明は次の機会に回したい」

「期待してます」

「ランクは，基本操作で不変なことを認めれば，あとはスイスイ……たとえば，ランクを行ベクトルで定義することも」

「僕たちの講義は，その手前のよう」

「そうか．そんなら先々の見透しをよくしておこう．行列Aを横に切るのです．

$$A=\begin{pmatrix} a_{11}, & a_{12}, & \cdots\cdots, & a_{1m} \\ \hline a_{21}, & a_{22}, & \cdots\cdots, & a_{2m} \\ \hline \cdots & \cdots & \cdots\cdots & \cdots \\ \hline a_{l1}, & a_{l2}, & \cdots\cdots, & a_{lm} \end{pmatrix}=\begin{pmatrix} \boldsymbol{b}_1 \\ \boldsymbol{b}_2 \\ \cdots \\ \boldsymbol{b}_l \end{pmatrix}$$

このように切ると l 個の行ベクトルができる．そこで……」

「分った．これに対応して，ベクトル空間

$$V=[\boldsymbol{b}_1, \boldsymbol{b}_2, \cdots\cdots, \boldsymbol{b}_l]$$

を考えるのでしょう」

「そう．Vは $\boldsymbol{R}^m$ の部分空間になる」

「Vの次元でAのランクを定義する？」

「そう．$\mathrm{rank}\,A=\dim V$ と ……」

「でも，これではAのランクが2通りできますが」

「だから，2つのランクの等しいことを証明するのが次の課題になる」

「やっかいそう．その証明は ……」

「いや，そうでもない．行列Aに，だれかが基本操作を行って標準形A^*を導いたとすると，どちらのランクもA^*のランクに等しい．

$$A \xrightarrow[\text{基本操作}]{} A^*=\begin{pmatrix} E_r & O \\ O & O \end{pmatrix}$$

$$\mathrm{rank}\,A=\mathrm{rank}\,A^*=\mathrm{rank}\begin{pmatrix} E_r & O \\ O & O \end{pmatrix}$$

ところが，A^*のランクは，どちらの定義によっても r に等しい．だから，2つのランクは一致するのだ」

「なるほど鮮か．基本操作の偉力は相等なものですね」

8
裸の王様 —*Rank*の第3面相—

「行列のランクの定義を2通り学んだ．しかし，どちらもランクの求め方に向かないので，基本操作によって標準形を導く．それならば，最初から標準形によってランクを定義したらよさそうなものですが」

「見上げた発想 …… 数学の学び方は，つねに，そうありたいね」

「おせじとは承知 …… でも，うれしい」

「標準形による定義の可能性を検討する前に，君の学んだ2通りの定義を確認したい．数学はビルの建築のようなもの．基礎工事の手抜きは許せないからね」

「僕の学んだ2つの定義というのは，行列式によるものと，次元によるものです」

「では，行列式によるものから ……」

「行列Aで

(1)　r次の小行列式に値の0でないものが少くとも1つある．

(2)　$(r+1)$次以上の小行列式の値はすべて0である．この2つの条件をみたすとき，Aのランクはrであるといって，　$\mathrm{rank}\,A=r$ で表す」

「いや，ガッチリした説明 …… 申し分ない．この調子で，次元による定義を ……」

「行列Aを(m, n)型とする．Aを列ベクトルで表したものを

$$A=(\boldsymbol{a}_1, \boldsymbol{a}_2, \cdots, \boldsymbol{a}_n)$$

とすると，$\boldsymbol{R}^m$ の部分空間

$$W=[\boldsymbol{a}_1, \boldsymbol{a}_2, \cdots, \boldsymbol{a}_n]$$

が考えられる．Wの次元rをAのランクといい，$\mathrm{rank}\, A=r$ で表す」

「これも申し分ない．しかし，行列式による定義と比較するには，一歩退いて，ベクトルの1次独立，従属による説明がほしい」

「そういう意図なら ……．$\boldsymbol{a}_1, \boldsymbol{a}_2, \cdots, \boldsymbol{a}_n$ において

(1′)　r 個のベクトルで1次独立なものが少くとも1組ある．

(2′)　$(r+1)$ 個以上のベクトルはすべて1次従属である．

これが $\mathrm{rank}\, A=r$ の条件をいいかえたもの」

「君は，いま，2つの定義の似ていることを見抜いたようだ．条件の整理が，それを物語っているよ」

「整理中におやと思った」

「補足は“後の祭り”の気もするが，ひとこと．どちらの定義の場合も，第2の条件で …… $(r+1)$ 次以上，$(r+1)$ 個以上の“以上”は省略してよいのだが …… 分るかね」

「それも OK！ $(r+1)$ 次の小行列式がすべて0ならば，それより次数の大きい小行列式はすべて0．1次従属も同様で，$(r+1)$ 個のベクトルが1次従属ならば，それにベクトルを追加したものも1次従属」

「おや，驚いたよ．1カ月前の君とは思えないね．ベクトルによるランクの定義は，行列Aを行ベクトルによって

$$A=\begin{pmatrix} \boldsymbol{b}_1 \\ \boldsymbol{b}_2 \\ \vdots \\ \boldsymbol{b}_m \end{pmatrix}$$

と表すこともできるから，これらのベクトルによって，前と同様の定義ができる．結局，3種のランクを知ったわけだ．

D_1　行列式で定義したランク

D_2　列ベクトルで定義したランク

D_3　行ベクトルで定義したランク

これらのランクを区別するため，上から順に

$$\mathrm{rank}_1 A,\quad \mathrm{rank}_2 A,\quad \mathrm{rank}_3 A$$

で表そうか．当分の間」

「了解！」

「３種のランクは等しい」

「それも了解」

「証明は？」

「ランクの求め方の原理と共通です．どのランクも基本操作によって不変．だから行列Aに基本操作を行って標準形A^*を導いたとすると，AとA^*のランクは等しい．

$$A \xrightarrow[\text{基本操作}]{} A^* = \begin{pmatrix} E_r & O \\ O & O \end{pmatrix}$$

この標準形のランクは，どの定義でみてもrだから，Aの３種のランクは等しい．僕，標準形は裸の王様と思うね．基本操作で一枚一枚服を脱いだから裸．その上，3種のランクを統率 …… だから裸の王様」

「本当は裸のヴィーナスといいたいのだろう」

「ヴィーナスじゃ知性がないですよ」

「王様も似たようなもの」

「歴史に名を残した王様はそうでもないですよ」

「君は歴史が得意らしい」

標準形でランクを定める

「裸の王様によって行列のランクを定めては …… というのが僕のアイデア」

「では，アイデアの中味をきこう」

「標準形の中の単位行列 E_r に目をつけ．主対角線上の１の数，すなわち単位行列の次数 r を，もとの行列 A のランクとしては …… ということ」

$$A \xrightarrow[\text{基本操作}]{} \begin{pmatrix} E_r & O \\ O & O \end{pmatrix}$$

$$\text{rank } A = r$$

「説明を聞いてるうちはなるほどと思ったが，よくよく考えてみると …… 君の定義には問題がある」

「どうして？　どこに？」

「標準形を導くための基本操作の用い方はいろいろある．もし，求め方によって標準形が違ったとしたら，r は定まらないわけで，A のランクも定義できない」

「ウー，僕のアイデアに，そんな泣きどころがあるとは …… 夢にも思わなかった」

「つまり標準形の一意性が問題なのだ」

「しかし，ヘンですよ．行列式やベクトルでランクを定義したときは，標準形の一意性が問題にならなかった．それなのに ……」

「それは当然ですよ．いままでの定義は標準形に関係がない．しかも，定義のときにランクに選ぶ数の一意性は保証されている．つまり rank A は A に対応するただ１つの数であることが明らかである．だから A の標準形を A^* とすると

$$\text{rank } A^* = \text{rank } A = r$$

そこで当然，標準形は

$$A^* = \begin{pmatrix} E_r & O \\ O & O \end{pmatrix}$$

となって，ただ１つ定まる」

「なるほど，僕のアイデアではランクを定義するために標準形を用い

るから，標準形はただ1つであることが分っていなければならない．そういうことですね」

「その通り」

「さて，弱った．一意性の証明は …… ？　むづかしそうな予感」

「証明は要するに，2つの標準形

$$A^*=\begin{pmatrix} E_r & O \\ O & O \end{pmatrix},\quad A^{**}=\begin{pmatrix} E_s & O \\ O & O \end{pmatrix}$$

があったとして，$r=s$ を導けばよい」

「手が出ない」

「傍観と評論は得意でも手を出さないのは過保護で育った者の特長．“はじめに行動ありき”とゆきたいものだ．とにかく，ペンをとり，手を動かし，書いてみたまえ」

「かくといっても ……」

「もとの行列 A と標準形 A^*, A^{**} との関係ならば式にかけるだろう．A に基本操作を行うことは，式でみれば，A に基本行列をかけること ……」

「思い出した．

$$\underbrace{P_h \cdots P_2P_1}_{\text{行に関する基本行列}} A \underbrace{Q_1Q_2 \cdots Q_k}_{\text{列に関する基本行列}}=A^*$$

これを簡単に

$$PAQ=A^* \qquad ①$$

と表しておく．同じ理由で

$$RAS=A^{**} \qquad ②$$

2つの等式の利用の定石は1文字の消去 ……　A を消去したい」

「受験数学の定石にも役に立つのがあるとは ……．①を A について解けば②に代入できる．基本行列は正則だから，その積 P, Q, R, S も正則．したがって ……」

「正則なら逆行列があるから①をAについて解いて$A=P^{-1}A^*Q^{-1}$, これを②に代入すると

$$RP^{-1}A^*Q^{-1}S=A^{**}$$

簡単なほどよいから $RP^{-1}=X,\ Q^{-1}S=Y$ と表すと，X, Y も正則で

$$XA^*Y=A^{**}$$

$$X\begin{pmatrix} E_r & O \\ O & O \end{pmatrix}Y=\begin{pmatrix} E_s & O \\ O & O \end{pmatrix}$$

僕は，こういう区分行列の取扱いに弱い」

「食わず嫌いだ．区分行列の計算は，成分が実数の行列の計算と大差ない．注意することといえば，成分の行列をかけるとき，順序を誤らないこと」

「しかし，このままでは計算のしようがない」

「まず行列の型をみよ．Aを(m, n)型とすると，正則行列Xはm次の正方行列で，正則行列Yはn次の正方行列 …… そこで積が出来るようにX, Yを区分する」

「区分の仕方を調べてみる．

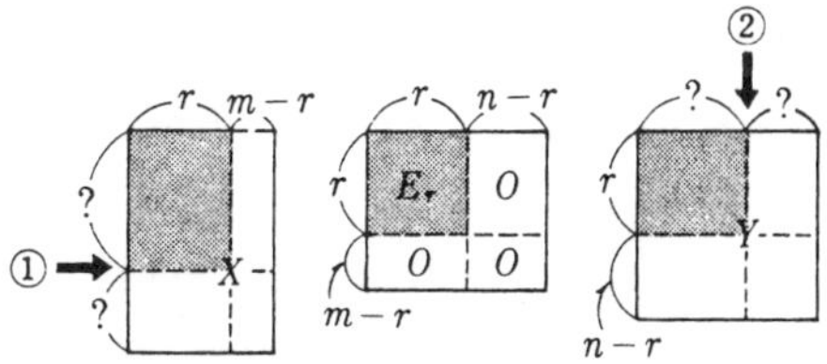

おや，①と②の切り方はきまらない」

「僕の経験によると，この種の問題では，区分行列の中に正方行列をなるべく多く作るのがよさそう．標準形には1つの正方行列 E_r があって，これを特長づけている．だとすると E_r の型は，ぜひ保存したい」

「含蓄に富む見方を尊重すれば，①は r 行と $(m-r)$ 行，②は r 列と $(n-r)$ 列に分けることになりますね．X, Y をこのように切ったとして

$$\begin{pmatrix} X_{11} & X_{12} \\ X_{21} & X_{22} \end{pmatrix}\begin{pmatrix} E_r & O \\ O & O \end{pmatrix}\begin{pmatrix} Y_{11} & Y_{12} \\ Y_{21} & Y_{22} \end{pmatrix}=\begin{pmatrix} E_s & O \\ O & O \end{pmatrix}$$

と表してみる．左辺の積の計算が，なんとなく不安」

「前にもいったように，成分が実数の場合と同じ要領で ……」

「左のほうから計算します．

$$\begin{pmatrix} X_{11} & O \\ X_{21} & O \end{pmatrix}\begin{pmatrix} Y_{11} & Y_{12} \\ Y_{21} & Y_{22} \end{pmatrix}=\begin{pmatrix} E_s & O \\ O & O \end{pmatrix}$$

さらに左辺を計算して

$$\begin{pmatrix} X_{11}Y_{11} & X_{11}Y_{12} \\ X_{21}Y_{11} & X_{21}Y_{12} \end{pmatrix}=\begin{pmatrix} E_s & O \\ O & O \end{pmatrix}$$

対応する小行列を等しいとおくと ……」

「盲点 …… 予想したとおりの ……」

「いけませんか」

「区分行列の等式は，両辺の切り方が同じでないと，小行列の等式に分解することができない」

「両辺の切り方は …… なるほど，切り方がちがう．$r=s$ ならば一致するが，$r=s$ は不明」

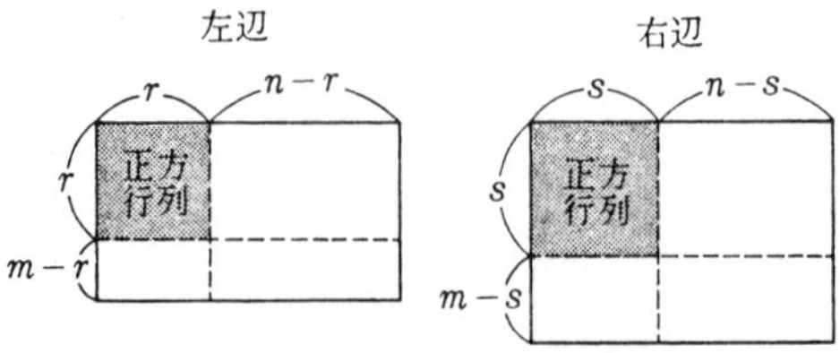

「こういう場合は，どちらかをもとの成分に戻さない限り，対応する

小行列が分らない．いや見えないというのが適切か」

「中味の分っている右辺をもとの成分に戻してみる．具体例で ……
$m=7, n=9, s=5$ の場合を」

$$
\begin{array}{c|ccccc|cccc|}
 & \multicolumn{5}{c}{s} & \multicolumn{4}{c}{n-s} \\
\cline{2-10}
 & 1 & 0 & 0 & 0 & 0 & 0 & 0 & 0 & 0 \\
 & 0 & 1 & 0 & 0 & 0 & 0 & 0 & 0 & 0 \\
s & 0 & 0 & 1 & 0 & 0 & 0 & 0 & 0 & 0 \\
 & 0 & 0 & 0 & 1 & 0 & 0 & 0 & 0 & 0 \\
 & 0 & 0 & 0 & 0 & 1 & 0 & 0 & 0 & 0 \\
\cline{2-10}
m-s & 0 & 0 & 0 & 0 & 0 & 0 & 0 & 0 & 0 \\
 & 0 & 0 & 0 & 0 & 0 & 0 & 0 & 0 & 0 \\
\cline{2-10}
\end{array}
$$

「いや，見事！　シコシコとやりましたね」

「いつもの教訓 …… 労をおしむな …… が身にしみているので…….
これを左辺とくらべる」

「この図の上に左辺を重ねては …… 左辺をビニールにかき，上にのせたと考えて ……」

「名案ですね」

「重要なのは r と s の大小 …… $r>s$ のとき $r<s$ との場合に分けては ……」

「$r>s$ の場合，たとえば $r=6$ としての図をかく．両辺をくらべて

$$
X_{11}Y_{11}=\begin{pmatrix} E_s & O \\ O & O \end{pmatrix} \qquad X_{11}Y_{12}=O
$$

$$
X_{21}Y_{11}=O \qquad\qquad X_{21}Y_{12}=O
$$

どの式からも目ぼしい結果が出ない」

「右辺に単位行列があればよいのだが」

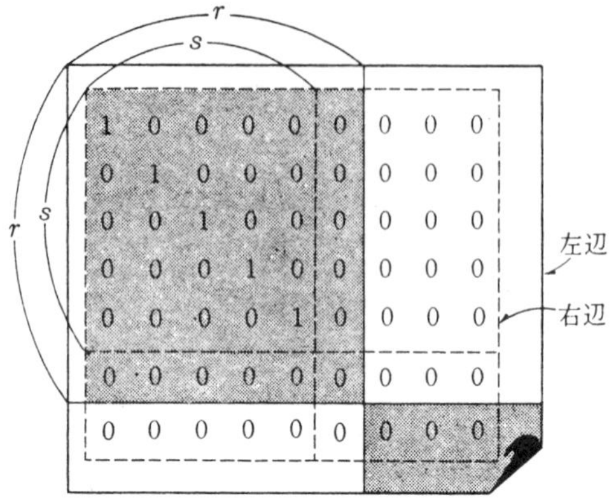

「では，$r<s$ の場合を検討してみる．たとえば $r=3$ として図をかく．

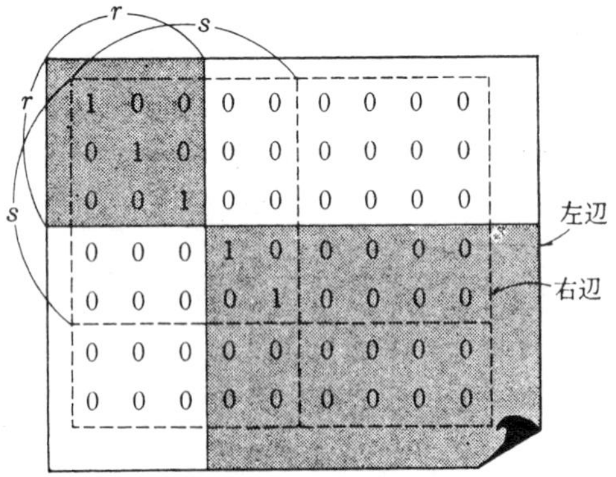

両辺をくらべて

$$X_{11}Y_{11}=E_r \cdots\cdots ① \qquad X_{11}Y_{12}=O \cdots\cdots\cdots\cdots ②$$

$$X_{21}Y_{11}=O \cdots\cdots ③ \qquad X_{21}Y_{12}=\begin{pmatrix} E_{s-r} & O \\ O & O \end{pmatrix} ④$$

$X_{11}Y_{12}$, $X_{21}Y_{11}$ がどちらの場合にも零行列とは意外」

「①の左辺は単位行列だから有望」

「①が成り立つことから X_{11}, Y_{11} は正則．正則ならば逆行列がある．

②の両辺の左から $X_{11}{}^{-1}$ をかけて　$Y_{12}=O$

③の両辺の右から $Y_{11}{}^{-1}$ をかけて　$X_{21}=O$

次に……？」

「それを④に代入してごらん」

「$O=\begin{pmatrix} E_{s-r} & O \\ O & O \end{pmatrix}$ …… 矛盾！…… よって，$r<s$ とはならない．しかし，$r>s$ の場合がうまくいかない」

「マクロ的に眺めてほしいね．もともと，2つの標準形 A^* と A^{**} は平等なもの．したがって r と s も平等」

「平等！　民主主義みたい」

「平等なものは，いれかえても推論は成り立つはず．$XA^*Y=A^{**}$ は A^* について解くと

$$A^*=X^{-1}A^{**}Y^{-1}$$

$X^{-1}=U$, $Y^{-1}=V$ とおくと

$$UA^{**}V=A^*$$

これに対して……」

「分った．前と同様の推論をやる」

「そう．X, Y が U, V にかわり，r と s がいれかわっただけ」

「そうだとすると，結論は……“$s<r$ とはならない”です．$r<s$ がダメで $s<r$ がダメならば $r=s$．やれやれ，これで行列 A の標準形は一意に定まることが分った．したがって，標準形によって A のランクを定義することが可能です」

×　　　×

「しかし，……」

「まだ，なにかあるのですか」

「もう１つ泣きどころがある．いや，あったのだが，気付かなかったようだ」

「一意性の証明の途中で？」

「そう．証明途中で …… $X_{11}Y_{11}=E_r$ から X_{11}, Y_{11}は正則と判断した」

「正則の定義によったのに …… いけませんか」

「何事もスタートがたいせつ．初心にかえり，正則の定義を思い出してほしい」

「正則の定義は …… ああ，そうか思い出した．n次の正方行列Aが正則というのは等式

$$AX=XA=E_n$$

をみたす行列Xが存在すること」

「そうでしょう．等式が２つですよ．

$$AX=E_n, \quad XA=E_n$$

それなのに，先の証明では１つの等式

$$X_{11}Y_{11}=E_r$$

から，X_{11} は正則，Y_{11} も正則ときめつけた」

「なんだ．先の証明が不完全とは ……」

「不完全かどうかは，証明の前に何を用意したかによって定まること．証明の前に，$AX=E_n$ と $XA=E_n$ のどちらかが成り立てばAは正則になることを証明しておけばよいのだ」

「その証明 …… やっかいなよう」

「試みもしないで，不安感をあふるのは現代病．君にはうってつけの課題 …… 楽しみとして残しておくよ」

9
この峠をどう越えるか
—$RankAB \leqq RankA, RankB$—

ある日曜日，R大のS君が訪ねて来て線型代数が話題になった．
「応用には，すごく便利なのに，証明のやっかいな定理があって苦労します」
S君が実感のこもった顔をした．
「そんなのいくらでもありそう．君が困っているというのは，どんな定理ですか」
「行列のランク …… 2つの行列の積のランクです」
「ああ，あれですか．A, B が行列のとき

$$\mathrm{rank}\ AB \leqq \mathrm{rank}\ A,\ \mathrm{rank}\ B$$

これでしょう．もちろん，積 AB が考えられる場合 ……」
「そう．それです．やさしい証明がないのですか」
「あるなら，強いて難しい証明をやるはずがないですよ」
「数学って，そんなに融通がきかないものですか．石頭のじいさんみたいに ……」
「君も口が悪いね．重要な定理は，たいていそういうもんです．峠のようなものですね，それを越えないと盆地にはいれない．峠を避けようと別の道を行けば，眼前に別の峠が待ちかまえている」
「そういえば，そんな地形が日本中にたくさんありますね．山梨盆地，

会津盆地，阿蘇盆地，……」

「そうでしょう．峠を避けようと河にそうて行けば断崖絶壁 …… 昔の上の苦労が思いやられますね」

「しかし，最近は土木技術が発達して，どんな盆地へも立派な道路が……，数学もそうならないのですか」

「科学技術のようには，うまくいかないようですよ．数学は ……」

「数学の宿命ですか」

「まあ，そう思って，取り組むのですね．“楽あれば苦あり” 逆にみると “苦あれば楽あり” ということ」

「じゃ，先の定理の証明は，苦あれば楽あり」

「そう思えば，挑戦する意欲がわくでしょう」

「意欲はあっても，頭がついていきません」

「君は頭が悪くないよ．意欲が，おそらく頭に及ばないのですよ」

「へんなひにく．よろこぶべきか，悲しむべきか」

× ×

「先の定理は行列のランクに関するもの．ランクの定義が問題です．定義によって証明が違う」

「僕が講義で習ったのは，ベクトル空間の次元によるものです．(m, n) 型の行列 A を列ベクトルで

$$A=(\boldsymbol{a}_1, \boldsymbol{a}_2, \cdots\cdots, \boldsymbol{a}_n)$$

と表したとき，$\boldsymbol{a}_1, \boldsymbol{a}_2, \cdots\cdots, \boldsymbol{a}_n$ の張るベクトル空間を

$$W=[\boldsymbol{a}_1, \boldsymbol{a}_2, \cdots\cdots, \boldsymbol{a}_n]$$

として，W の次元を A のランクとした． つまり $\mathrm{rank}\, A=\dim W$ です」

「最も代表的定義ですね．この定義からはいれば，先の定理は一層重要なはず」

「その定理で足踏みです」

「習った証明を，やみくもに読み返してもしょうがない．証明は分析的に …… これを証明するには，これが分ればよい，それには，これが分ればよい …… というように，掘り下げてみることです」

「証明することは，2つ」

(1)　rank $AB \leqq$ rank A

(2)　rank $AB \leqq$ rank B

一方を証明すれば，他は同様でしょう」

「いや，分らないですよ．行列の積は交換可能とは限らないから」

「そうですか．じゃ，やさしい方から」

「そういわれても，やってみないことには分らない．とにかく，rank の定義に戻ることですね．A を (l, m) 型，B を (m, n) 型とすると AB は (l, n) 型．これらをすべて列ベクトルで表してみることです．たとえば

$$A = (\boldsymbol{a}_1, \boldsymbol{a}_2, \cdots\cdots, \boldsymbol{a}_m)$$
$$B = (\boldsymbol{b}_1, \boldsymbol{b}_2, \cdots\cdots, \boldsymbol{b}_n)$$
$$AB = (\boldsymbol{c}_1, \boldsymbol{c}_2, \cdots\cdots, \boldsymbol{c}_n)$$

と表し，さらに，これらの列ベクトルの張るベクトル空間を

$$U = [\boldsymbol{a}_1, \boldsymbol{a}_2, \cdots\cdots, \boldsymbol{a}_m]$$
$$V = [\boldsymbol{b}_1, \boldsymbol{b}_2, \cdots\cdots, \boldsymbol{b}_n]$$
$$W = [\boldsymbol{c}_1, \boldsymbol{c}_2, \cdots\cdots, \boldsymbol{c}_n]$$

で表してみる．さて，証明する事柄はどうなる？」

「定義を用いて

(1)　$\dim W \leqq \dim U$

(2)　$\dim W \leqq \dim V$

ベクトル空間の次元に戻ればよいです」

「さらに掘り下げる．これを証明するには，何を示せばよいかと……」

「分った，空間の包含関係

(1)では $W \subset U$

(2)では $W\subset V$
これが分ればよいです．W が U, V の部分空間ならば，W の次元は U, V の次元より大きくないから」
「アイデアは悪くないが，おとし穴を掘ってしまったよ．$\boldsymbol{a}_i, \boldsymbol{b}_i, \boldsymbol{c}_i$ がどんな列ベクトルかの吟味を忘れている」
「しまった．

A は (l, m) 型だから $\boldsymbol{a}_i$ は l 項ベクトル

B は (m, n) 型だから $\boldsymbol{b}_i$ は m 項ベクトル

C は (l, n) 型だから $\boldsymbol{c}_i$ は l 項ベクトル

そうか．項数が $\boldsymbol{c}_i$ と同じなのは $\boldsymbol{a}_i$ だけ」
「そうでしょう．重要な盲点．$W\subset U$ は期待してよいが，$W\subset V$ は不可能」
「どちらもダメかと思ったのに，1つ生き残ってよかった．(1) を証明するには

$$W\subset U$$

を示せばよい」
「ここまでくれば (1) は安心．$W\subset U$ を証明するには？」
「W の任意のベクトルを $\boldsymbol{x}$ として，$\boldsymbol{x}$ が U に含まれることを示せばよいです．$\boldsymbol{x}$ は

$$W=[\boldsymbol{c}_1, \boldsymbol{c}_2, \cdots\cdots, \boldsymbol{c}_n]$$

に属するから

$$\boldsymbol{x}=(\boldsymbol{c}_1, \boldsymbol{c}_2, \cdots\cdots, \boldsymbol{c}_n \text{ の1次結合})$$

これが $U=[\boldsymbol{a}_1, \boldsymbol{a}_2, \cdots\cdots, \boldsymbol{a}_m]$ に属するためには $\boldsymbol{a}_1, \boldsymbol{a}_2, \cdots\cdots, \boldsymbol{a}_m$ の1次結合になればよい」
「その調子．それを示すには，$\boldsymbol{c}_i$ と $\boldsymbol{a}_i$ の関係を探ればよい」
「そうか．

$$AB=(\boldsymbol{c}_1, \boldsymbol{c}_2, \cdots\cdots, \boldsymbol{c}_n)$$

ところが

$$AB=(\boldsymbol{a}_1,\ \boldsymbol{a}_2,\ \cdots\cdots,\ \boldsymbol{a}_m)B$$

さて，この乗法は？」

「B を成分で表せば $(m,\ n)$ 型だから乗法可能」

「そうか.

$$AB=(\boldsymbol{a}_1,\ \boldsymbol{a}_2,\ \cdots\cdots,\ \boldsymbol{a}_m)\begin{pmatrix} b_{11} & b_{12} & \cdots\cdots & b_{1n} \\ b_{21} & b_{22} & \cdots\cdots & b_{2n} \\ \cdots & \cdots & \cdots\cdots & \cdots \\ \cdots & \cdots & \cdots\cdots & \cdots \\ b_{m1} & b_{m2} & \cdots\cdots & b_{mn} \end{pmatrix}$$

これを計算して

$$\boldsymbol{c}_1=b_{11}\boldsymbol{a}_1+b_{21}\boldsymbol{a}_2+\cdots\cdots+b_{m1}\boldsymbol{a}_m$$

$\boldsymbol{c}_2,\ \boldsymbol{c}_3,\ \cdots\cdots$ も同様だから，一般に

$$\boldsymbol{c}_i=(\boldsymbol{a}_1,\ \boldsymbol{a}_2,\ \cdots\cdots,\ \boldsymbol{a}_m\ \text{の1次結合})$$

これを $\boldsymbol{x}$ に代入すると ……？」

「なんでもない．$\boldsymbol{x}$ は $\boldsymbol{c}_1,\ \boldsymbol{c}_2,\ \cdots\cdots,\ \boldsymbol{c}_n$ の1次結合で，その $\boldsymbol{c}_1,\ \boldsymbol{c}_2,\ \cdots\cdots,\ \boldsymbol{c}_n$ が $\boldsymbol{a}_1,\ \boldsymbol{a}_2,\ \cdots\cdots,\ \boldsymbol{a}_m$ の1次結合ならば $\boldsymbol{x}$ は $\boldsymbol{a}_1,\ \boldsymbol{a}_2,\ \cdots\cdots,\ \boldsymbol{a}_m$ の1次結合になる」

「そんな気はするが計算してみないと不安です」

「具体例で確めては……．たとえば

$$\boldsymbol{x}=\lambda_1\boldsymbol{c}_1+\lambda_2\boldsymbol{c}_2+\lambda_3\boldsymbol{c}_3$$
$$\boldsymbol{c}_1=b_{11}\boldsymbol{a}_1+b_{21}\boldsymbol{a}_2$$
$$\boldsymbol{c}_2=b_{12}\boldsymbol{a}_1+b_{22}\boldsymbol{a}_2$$
$$\boldsymbol{c}_3=b_{13}\boldsymbol{a}_2+b_{23}\boldsymbol{a}_2$$

であったとして」

「代入してから整理すると

$$\begin{aligned}\boldsymbol{x}&=(\lambda_1b_{11}+\lambda_2b_{12}+\lambda_3b_{13})\boldsymbol{a}_1\\&\quad+(\lambda_1b_{21}+\lambda_2b_{22}+\lambda_3b_{23})\boldsymbol{a}_2\\&=\mu_1\boldsymbol{a}_1+\mu_2\boldsymbol{a}_2\end{aligned}$$

これで安心．僕は，こういう手続を踏まないと安心できない性格で……」

「人間の認識はそういうもの．気にすることないですよ」

「$W \subset U$ が分ったら (1) の証明は済んだ．(2) は $W \subset V$ が使えないから (1) よりも難しそう」

× ×

「次元の大小をみるための …… もっと基本的方法へ戻ってみては……」

「$\dim W \leqq \dim V$ の証明の基本的方法？」

「$\dim V = r$ とおいて $\dim W \leqq r$ を証明すればよい．それには，W が r 個のベクトルで生成されることを示せばよい」

「そこがよく分りません」

「思い出してほしいね．夏休の前に話したこと …… 独立・従属の関が原 ……」

「思い出した．r 個のベクトルの一次結合を $(r+1)$ 個作ると一次従属である，という定理」

「そう．それです．それを空間の次元にあてはめると，r 個のベクトルで生成される空間には，r 個より多くの独立なベクトルがない．よって，次元は r 以下となるわけ」

「この知識を，どのように使うのですか」

「$\dim V = r$ とすると，V は r 個の1次独立なベクトルで生成されるから，それらを $\boldsymbol{d}_1, \boldsymbol{d}_2, \cdots\cdots, \boldsymbol{d}_r$ としてみると，V の元 $\boldsymbol{b}_1, \boldsymbol{b}_2, \cdots\cdots, \boldsymbol{b}_n$ は？」

「$\boldsymbol{d}_1, \boldsymbol{d}_2, \cdots\cdots, \boldsymbol{d}_r$ の一次結合」

「そう．$\boldsymbol{b}_1, \boldsymbol{b}_2, \cdots\cdots, \boldsymbol{b}_n$ は $\boldsymbol{d}_1, \boldsymbol{d}_2, \cdots\cdots, \boldsymbol{d}_r$ の1次結合です．そこで，W の元を $\boldsymbol{d}_1, \boldsymbol{d}_2, \cdots\cdots, \boldsymbol{d}_r$ で表すことを考えればよい．AB に戻って

$$AB = A(\boldsymbol{b}_1, \boldsymbol{b}_2, \cdots\cdots, \boldsymbol{b}_n)$$

これは A を各ベクトルにかけること可能で

$$AB=(A\boldsymbol{b}_1, A\boldsymbol{b}_2, \cdots\cdots, A\boldsymbol{b}_n)$$

と書きかえられる」

「$A\boldsymbol{b}_i$ の正体は？」

「A は (l, m) 型で $\boldsymbol{b}_i$ は $(m, 1)$ 型だから $A\boldsymbol{b}_i$ $(l, 1)$ 型，つまり l 項の列ベクトルですよ」

「なんだ．そうか．

$$W=[A\boldsymbol{b}_1, A\boldsymbol{b}_2, \cdots\cdots, A\boldsymbol{b}_n]$$

W の任意の元を $\boldsymbol{x}$ とすると

$$\boldsymbol{x}=\lambda_1\cdot(A\boldsymbol{b}_1)+\lambda_2(A\boldsymbol{b}_2)+\cdots\cdots+\lambda_n(A\boldsymbol{b}_n)$$

となりますね」

「A をくくり出してごらん」

「$\boldsymbol{x}=A(\lambda_1\boldsymbol{b}_1+\lambda_2\boldsymbol{b}_2+\cdots\cdots+\lambda_n\boldsymbol{b}_n)$」

「ここで，$\boldsymbol{b}_i$ は $\boldsymbol{d}_i$ の1次結合であることを使うと，$\boldsymbol{x}$ の（ ）の中は $\boldsymbol{d}_i$ の1次結合，それを

$$\mu_1\boldsymbol{d}_1+\mu_2\boldsymbol{d}_2+\cdots\cdots+\mu_r\boldsymbol{d}_r$$

とおくと

$$\begin{aligned}\boldsymbol{x}&=A(\mu_1\boldsymbol{d}_1+\mu_2\boldsymbol{d}_2+\cdots\cdots+\mu_r\boldsymbol{d}_r)\\&=\mu_1(A\boldsymbol{d}_1)+\mu_2(A\boldsymbol{d}_2)+\cdots\cdots+\mu_r(A\boldsymbol{d}_r)\end{aligned}$$

これで，出来たようなもの．W の元は r 個の列ベクトル $A\boldsymbol{d}_1, A\boldsymbol{d}_2, \cdots\cdots, A\boldsymbol{d}_r$ の1次結合で表される．したがって

$$\dim W\leqq r \quad すなわち \quad \dim W\leqq\dim V$$

となる．分りましたか」

「ノートを何回読み返しても，モヤモヤしていたのに，きょうはスッキリしました」

「そうか．それで，僕も安心した」

*　　　　　*

「僕のノートの証明では線型写像が現れるのに，いまの証明には現れませんね」

「意識的に避けたのです．写像は得意な者には有難いが，不慣れな者には負担になると思ってね」

「僕は負担になるほうです」

「やっぱり予想通り．写像が有効なのは(2)の証明 …… ベクトルに行列をかけることは，見方をかえれば線型写像です．$\boldsymbol{b}_i$ と $\boldsymbol{c}_i$ の関係をみると

$$\boldsymbol{c}_i = A\boldsymbol{b}_i \quad (\boldsymbol{b}_i \in V,\ \boldsymbol{c}_i \in W)$$

そこで，V の元 $\boldsymbol{x}$ に $A\boldsymbol{x}$ を対応させて，V から l 項ベクトル空間 $\boldsymbol{R}^l$ への線形写像 f を考えるのです」

$$f: \begin{cases} V \to \boldsymbol{R}^l \\ \boldsymbol{x} \mapsto A\boldsymbol{x} \end{cases}$$

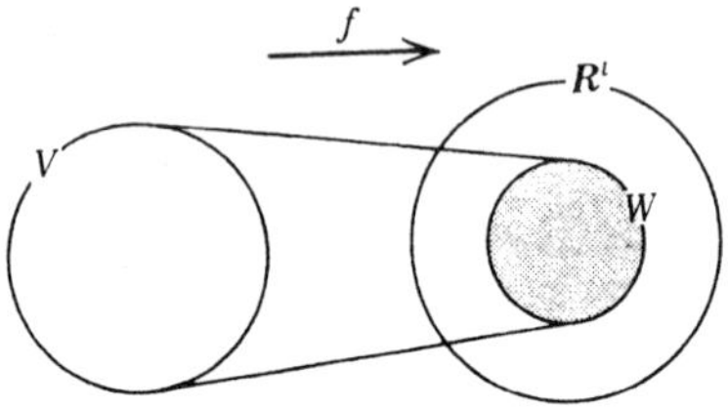

「W は，この写像のなんですか」

「値域です」

「僕の分らないのはそこらしい」

「値域の定義に戻ってみては．V の値域というのは，Vの任意の元を $\boldsymbol{x}$ としたとき，その像 $f(\boldsymbol{x})$ すなわち $A\boldsymbol{x}$の集合のこと．この集合が W であることを明かにすればよい．V は $\boldsymbol{b}_1, \boldsymbol{b}_2, \cdots\cdots, \boldsymbol{b}_n$ によって生成される空間であるから

$$\boldsymbol{x} = p_1\boldsymbol{b}_2 + p_2\boldsymbol{b}_2 + \cdots\cdots + p_n\boldsymbol{b}_n$$

Aを左からかけて

$$A\boldsymbol{x}=p_1(A\boldsymbol{b}_1)+p_2(A\boldsymbol{b}_2)+\cdots\cdots+p_n(A\boldsymbol{b}_n)$$
$$f(\boldsymbol{x})=p_1\boldsymbol{c}_1+p_2\boldsymbol{c}_2+\cdots\cdots+p_n\boldsymbol{c}_n$$

$\boldsymbol{x}$ を V 内で動かすと $p_1, p_2, \cdots\cdots, p_n$ はすべての実数値をとるから $f(\boldsymbol{x})$ の集合は $\boldsymbol{c}_1, \boldsymbol{c}_2, \cdots\cdots, \boldsymbol{c}_n$ の１次結合全体 …… それが W なのだから，W は V の値域 …… つまり $W=f(V)$ となるのです」

「証明した不等式 $\dim W \leqq \dim V$ は，写像 f でみると

$$\dim(f\text{ の値域}) \leqq \dim V$$

となりますね」

「そういうこと．君のノートの証明は，多分，この表現になっているはず．下宿へ帰ったらすぐ読み返してみては．線型写像は，いつまでも“食わず嫌い”では済されない．嫌いなものも慣れれば愛着がわく」

「写像嫌いは僕の先入観念ですかね」

×　　　　×

「ところで，君は，先の定理を，応用は広いが証明で苦労するといった．一体，どんな応用を習ったのか」

「行列に基本変形を行う．そのときランクが変るかどうかを見ることです」

「その検討はたいせつ．君の腕前を知りたいものです」

「基本変形の行列は正則で，それらの積も正則だから，一般に P, Q が正則行列で

$$PAQ=B$$

のとき，AとBのランクを比較すればよい」

「ここらは，よく分っているらしいね」

「定理を用いると

$$\operatorname{rank} B=\operatorname{rank} PAQ \leqq \operatorname{rank} AQ \leqq \operatorname{rank} A$$

次に，P, Q は正則だから逆行列を P^{-1}, Q^{-1} とすると，$PAQ=B$ から

$$A=P^{-1}BQ^{-1}$$

前と同様にして

$$\mathrm{rank}\ A \leqq \mathrm{rank}\ B$$

ゆえに

$$\mathrm{rank}\ A = \mathrm{rank}\ B$$

行列は基本変形を行ってもランクは変らない」

「見直したよ」

「もう1つの大切な応用は，転置を行ったとき，ランクはどうなるかの検討……」

「もう，それも習ったのか」

「いえ，習う前の勉強です」

「復習をやる学生が少ないというのに，予習とは見上げた心掛け．君の研究成果を知りたいよ」

「研究成果だなんて大げさな．参考書を見ながらの手探り……それに，この前先生に教えてもらった基本変形のまとめが役に立ちました．行列 A に基本変形を行って標準形を導いたとすると

$$PAQ=\begin{pmatrix} E_r & O \\ O' & O'' \end{pmatrix}$$

P, Q は基本行列の積で正則だから

$$\mathrm{rank}\ A = \mathrm{rank}\begin{pmatrix} E_r & O \\ O' & O'' \end{pmatrix} = r$$

転置を行って

$${}^t(PAQ) = {}^t\begin{pmatrix} E_r & O \\ O' & O'' \end{pmatrix}$$

$${}^tQ\,{}^tA\,{}^tP = \begin{pmatrix} E_r & {}^tO' \\ {}^tO & {}^tO'' \end{pmatrix}$$

${}^tQ, {}^tP$ も正則だから

$$\operatorname{rank}{}^tA=\operatorname{rank}\begin{pmatrix}E_r & {}^tO' \\ {}^tO & {}^tO''\end{pmatrix}=r.$$

^tA のランクはAのランクに等しい」

「僕のこの前の解説が役に立ったとは嬉しいよ」

× ×

「この前，L大の友人にきいたら，行列のランクは行列式による定義で …… 積のランクのことは習わないそうです．ランクを行列式で定義すると，積のランクはいらないのですか」

「不要とはいい過ぎですよ．基礎的な内容では重要でない．たとえば，君が，いま検討したような内容のところでは無くても済む」

「ランクの定義によって，そんなに違うとは驚きです」

「行列式による定義は，次元による定義よりも強力」

「強力！　だから，行列の積のランクの定理は不要なのですね」

「荒っぽくいえば，そういうこと」

「そこを詳しく知りたいです」

「詳しくといわれても，しんどいね」

「アウトラインでも ……．それが分れば見透しがよくなりますから」

「では，最初にランクの定義 …… 行列Aから作った小行列式のうち値が0でないものに目をつけ …… そのような行列式の次数の最大値をAのランクと定める」

「簡単な定義なのに，強力なわけは ……」

「定義に用いた行列式自身が強力なため …… まあ，そうみてよい」

「行列式のどこが強力？」

「その性質を思い出してほしい．行について成り立つことは列についても成り立つ．つまり，行と列について平等です」

「なるほど．その通りですね」

「その平等性を総括的に表現しているのが転置によって値が変らないこと」

「正方行列を M とするとき

$$\det M=\det {}^tM$$

となることですね」

「そう．行列式にはこの強力な性質があるから，これで行列のランクを定義しておけば，ランクの性質もまた，行と列を平等に取り扱いやすい」

「A のランクと ${}^tA$ のランクの等しいことが，簡単に導けるからですね」

「そう．そこが大切．これに対し，次元によるランクの定義は行か列の一方から出発するから一方に傾く」

「列ベクトルを用いた本が多いですね」

「だからランクの性質は列に関するものを導くのは易しいが，行に関するものを導くのは楽でない」

「分った．それで,行列の積のランクの定理を用意した」

「そう思って見直せば，定理の有難さが分るはず．有難さが分れば……」

「証明でボヤいてはおれない」

「見透しがよくなった？」

「まあまあです．でも，行列式によるランクの定義を見直す気になりました」

「どちらかというと，この定義は古風」

「古風には古風のよさがありそう」

「だから，この頃，アンチックなどと称して，古風なものを見直す気分になったらしい．数学教育にも，その傾向が現れた」

×　　　　×

「行列のランクを行列式で定義したとき，積のランクの定理の証明はむずかしいですか」

「さあ，やったことない．一緒に考えてみよう． rank $A=r$, rank $B=s$ とおくと，証明することは

$$\text{rank } AB \leqq r, s$$

たとえば $r \leqq s$ とすると，証明することは

$$\text{rank } AB \leqq r$$

これを証明するには，AB の小行列式のうち次数が r より大きいものは，すべて 0 になることをいえばよい． r より大きい整数を k として，AB の k 次の小行列式の値を調べてみよう． 式を簡潔にするため，A は行ベクトルで，Bは列ベクトルで表してみる．Aは (l, m) 型，B は (m, n) 型とすると

$$AB=\begin{pmatrix} \boldsymbol{a}_1 \\ \boldsymbol{a}_2 \\ \vdots \\ \boldsymbol{a}_l \end{pmatrix}(\boldsymbol{b}_1, \boldsymbol{b}_2 \cdots\cdots \boldsymbol{b}_n)$$

$$=\begin{pmatrix} \boldsymbol{a}_1\boldsymbol{b}_1 & \boldsymbol{a}_1\boldsymbol{b}_2 & \cdots & \boldsymbol{a}_1\boldsymbol{b}_n \\ \boldsymbol{a}_2\boldsymbol{b}_1 & \boldsymbol{a}_2\boldsymbol{b}_2 & \cdots & \boldsymbol{a}_2\boldsymbol{b}_n \\ \cdots & \cdots & \cdots & \cdots \\ \cdots & \cdots & \cdots & \cdots \\ \boldsymbol{a}_l\boldsymbol{b}_1 & \boldsymbol{a}_l\boldsymbol{b}_2 & \cdots & \boldsymbol{a}_l\boldsymbol{b}_n \end{pmatrix}$$

この行列の行，列の順序をくずさずに k 個の行と列を選んで作った小行列を

$$C_k=\begin{pmatrix} \bar{\boldsymbol{a}}_1\bar{\boldsymbol{b}}_1 & \cdots\cdots & \bar{\boldsymbol{a}}_1\bar{\boldsymbol{b}}_k \\ \cdots & \cdots\cdots & \cdots \\ \cdots & \cdots\cdots & \cdots \\ \bar{\boldsymbol{a}}_k\bar{\boldsymbol{b}}_1 & \cdots\cdots & \bar{\boldsymbol{a}}_1\bar{\boldsymbol{b}}_k \end{pmatrix}$$

とすると

$$C_k=\begin{pmatrix} \bar{\boldsymbol{a}}_1 \\ \bar{\boldsymbol{a}}_2 \\ \vdots \\ \bar{\boldsymbol{a}}_k \end{pmatrix}(\bar{\boldsymbol{b}}_1\ \bar{\boldsymbol{b}}_2 \cdots \bar{\boldsymbol{b}}_k)$$

これを A_kB_k と表すと

$$|C_k|=|A_kB_k|$$

ここで，行列の積の行列式に関する定理を用いればよさそう」

「$|A_kB_k|$ は $|A_k|\cdot|B_k|$ に等しいから ……」

「それ，そこが盲点 …… A_k, B_k は正方行列とは限らない」

「そうか，A は (l, m) 型だから $\boldsymbol{a}_i$ は m 項ベクトル …… だから A_k は (k, m) 型の行列，B は (m, n) 型だから $\boldsymbol{b}_i$ は m 項ベクトル …… だから B_k は (m, k) 型の行列 …… こういうとき，$|A_kB_k|$ はどうなるのですか」

「行列式の積に関する定理を忘れたようだ」

「余り使わないから」

「復習しておこう．m と k の大小で，3つの場合に分かれる．

$m=k$ のとき，$|A_kB_k|=|A_k|\cdot|B_k|$

$m<k$ のとき，$|A_kB_k|=0$

$m>k$ のとき，むずかしいが …… いま重要な場合 …… A_k の列と B_k の行から k 個選んで作った k 次の小行列をそれぞれ $\bar{A}_k, \bar{B}_k$ とすると，$|\bar{A}_k\bar{B}_k|$ の和になる．すなわち

$$|A_kB_k|=\sum|\bar{A}_k\bar{B}_k|=\sum|\bar{A}_k|\cdot|\bar{B}_k|$$

証明でほしいのは，この式の値が0になること」

「分った．A のランクは r だから，r より大きい k に対して小行列式 $|\bar{A}_k|$ はすべて0 …… だから $|\bar{A}_k|\cdot|\bar{B}_k|=0$ ………… これで，つねに $|C_k|=|A_kB_k|=0$ となるから

$$\mathrm{rank}\ AB\leqq r$$

こんなところで，行列の積の行列式に関する一般の場合の定理が役に立つとは意外です」

「峠を越えた．一服しよう．」

10
この華麗な定理 —拡張の楽しさ—

「きょうは定理を拡張してほしい」
「どの定理か」
「次元定理です．線型写像の ……」
「ああ，あの華麗な定理」
「華麗？　僕には意外な定理 …… でも，単純明快 …… 美しいといえば美しい」
「拡張したいとは見上げた心掛．定理の図解から出発しよう」
「線型空間 V から V' への線型写像を f とすると

$$\dim f(V)+\dim f^{-1}(0')=\dim V$$

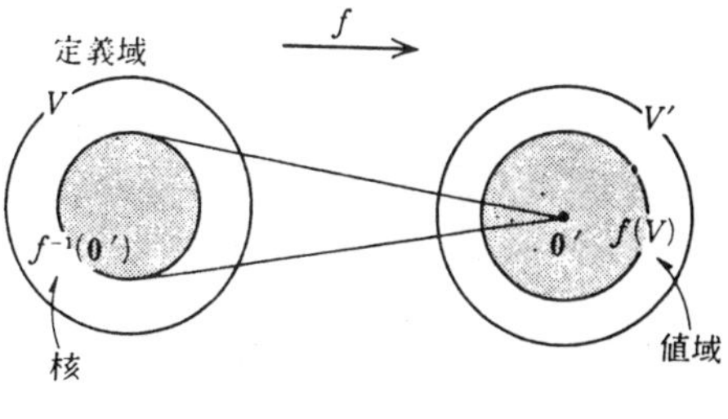

こんな図でいいですか．$0'$ は V' のゼロベクトルです」
「式をかかなくたって，“線型写像では，値域と核の次元の和は定義

域の次元に等しい”といえば分る．ところで，君が知りたい拡張というのは，どんな拡張か」

「定義域 V の代りに，その部分空間 W でみれば，どんな定理になるかということ」

「ほう．興味ある拡張．君の予想はどうか」

「V を W で置きかえたものです．

$$\dim f(W)+\dim f^{-1}(0')=\dim W$$

いけませんか．証明はできないが ……」

「証明する前に試したいものです，試し方の1つは，極端な場合に当ってみるもの」

「極端な場合？」

「この例で極端とは W が最小になる場合．すなわちゼロベクトルのみから成るとき．ためしてごらん」

「$W=\{0\}$ とすると $f(W)=\{0\}$，次元はともに0だから

$$\dim f^{-1}(0')=0$$

あれ！ 一般には，こんなことない」

「予想がアッサリくずれた．定理や問題に堅実な拡張，一般化などを試みる手近な方法は，その定理や問題の証明を検討すること．どうです．次元定理の証明を復習しては ……」

「自信がありません」

「証明もできないのに，定理の拡張とはおこがましい．証明の基礎になる知識は“次元は基底のベクトルの個数である”こと．具体例で考えるのが僕の学び方．たとえば V の次元を5，核 $f^{-1}(0')$ の次元を3としてみよう．

核は V の部分空間．こういうときは，部分空間 $f^{-1}(0')$ の基底を先に選んで $\boldsymbol{c}_1, \boldsymbol{c}_2, \boldsymbol{c}_3$ とし，次に，これを**延長して** V の基底を

$$\boldsymbol{c}_1,\ \boldsymbol{c}_2,\ \boldsymbol{c}_3,\ \boldsymbol{b}_1,\ \boldsymbol{b}_2$$

とおくのが常套手段です．

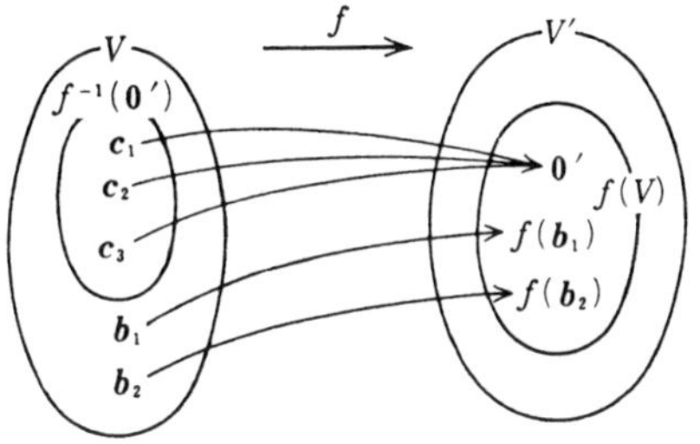

ここで，これらのベクトルを f によって V' 上へうつし，$f(V)$ の基底を見つけ出せばよい．V の任意の元を $\boldsymbol{x}$ とすると $\boldsymbol{x}$ は基底によってどのように表される？」

「基底の１次結合だから

$$\boldsymbol{x}=p_1\boldsymbol{c}_1+p_2\boldsymbol{c}_2+p_3\boldsymbol{c}_3+q_1\boldsymbol{b}_1+q_2\boldsymbol{b}_2$$

とおけます」

「この式で係数 p_1, p_2, p_3 と q_1, q_2 はそれぞれ任意の実数でよいことを強調しておこう．次に，$\boldsymbol{x}$ の像を求めてもらう」

「$\boldsymbol{x}$ の像は

$$f(\boldsymbol{x})=f(p_1\boldsymbol{c}_1+p_2\boldsymbol{c}_2+p_3\boldsymbol{c}_3+q_1\boldsymbol{b}_1+q_2\boldsymbol{b}_2)$$

うーんと，線型写像の条件を用いて

$$f(\boldsymbol{x})=p_1f(\boldsymbol{c}_1)+p_2f(\boldsymbol{c}_2)+p_3f(\boldsymbol{c}_3)+q_1f(\boldsymbol{b}_1)+q_2f(\boldsymbol{b}_2)$$

次に……？」

「$\boldsymbol{c}_1, \boldsymbol{c}_2, \boldsymbol{c}_3$ は核に属す」

「ああ，そうか．これらの像は $\mathbf{0}'$ だから

$$f(\boldsymbol{x})=q_1f(\boldsymbol{b}_1)+q_2f(\boldsymbol{b}_2)$$

$f(\boldsymbol{x})$ の集合が $f(V)$ だから

$$f(V)=[f(\boldsymbol{b}_1), f(\boldsymbol{b}_2)] \qquad ①$$

$f(V)$ の次元は２」

「q_1, q_2 がそれぞれ任意の実数値をとることをことわってから $f(\boldsymbol{x})$ の集合イコール $f(V)$ としてほしかった．それから $f(\boldsymbol{b}_1), f(\boldsymbol{b}_2)$ が一次独立であることを確めもしないで，$f(V)$ の次元を２とするのも乱暴」

「しまった．$\boldsymbol{b}_1, \boldsymbol{b}_2$ は基底の元だから１次独立は確実 …… しかし …… 像の１次独立は明かでない．ここは急所ですね」

「とにかく，一次独立の定義にもどり，

$$\mu_1 f(\boldsymbol{b}_1)+\mu_2 f(\boldsymbol{b}_2)=0'$$

とおいて $\mu_1=\mu_2=0$ を導けばよい．線型写像の条件を用いてかきかえると

$$f(\mu_1\boldsymbol{b}_1+\mu_2\boldsymbol{b}_2)=0'$$

この式は何を物語る」

「(　) の中のベクトルは核に属すること」

「核に属せば，どのように表されるか」

「$\boldsymbol{c}_1, \boldsymbol{c}_2, \boldsymbol{c}_3$ の一次結合」

「その通り．式でかくと

$$\mu_1\boldsymbol{b}_1+\mu_2\boldsymbol{b}_2=\lambda_1\boldsymbol{c}_1+\lambda_2\boldsymbol{c}_2+\lambda_3\boldsymbol{c}_3$$

先が読めたと思うが ……」

「いえ，さっぱり」

「整理すれば気付くだろう．

$$(-\lambda_1)\boldsymbol{c}_1+(-\lambda_2)\boldsymbol{c}_2+(-\lambda_3)\boldsymbol{c}_3+\mu_1\boldsymbol{b}_1+\mu_2\boldsymbol{b}_2=0$$

これなら，どう」

「分った．５つのベクトルは基底であったから１次独立 …… したがって係数がすべて０，当然，その一部分の μ_1, μ_2 は０」

「これで $f(\boldsymbol{b}_1), f(\boldsymbol{b}_2)$ は１次独立なことが証明された．① から $f(V)$ の次元は２で

$$\underset{\substack{\uparrow \\ 2}}{\dim f(V)} + \underset{\substack{\uparrow \\ 3}}{\dim f^{-1}(0')} = \underset{\substack{\uparrow \\ 5}}{\dim V}$$

が成り立つ．以上の証明の一般化はたやすい．君の課題として残し，先を急ごう」

× ×

「拡張のヒントを，この証明から？」

「V をその部分空間 W にかえれば，それに伴って証明はどう変るかをみればよい．V と $f^{-1}(0')$ の次元は前と同じとし，W の次元は4としておこう．基底の選び方からはじめてごらん」

「$f^{-1}(0')$ の基底を $\boldsymbol{c}_1, \boldsymbol{c}_2, \boldsymbol{c}_3$ とし ……」

「今度の対象は W の元のみだ」

「じゃ，$f^{-1}(0')$ と W の共通部分 ……？」

「そう．$f^{-1}(0')$ と W は部分空間だから，共通部分 $f^{-1}(0')\cap W$ も部分空間 …… この次元は2としておこう」

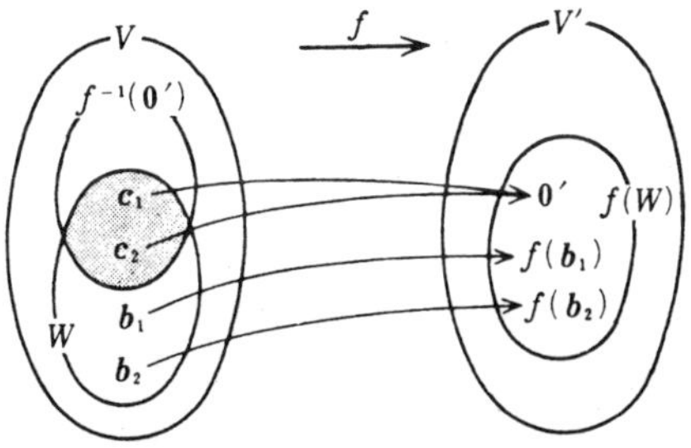

「急に先が見えて来た．$f^{-1}(0')\cap W$ の基底を $\boldsymbol{c}_1, \boldsymbol{c}_2$ とし …… これを延長して W の基底を

$$\boldsymbol{c}_1,\ \boldsymbol{c}_2,\ \boldsymbol{b}_1,\ \boldsymbol{b}_2$$

とすれば …… W の任意の元 $\boldsymbol{x}$ は

$$\boldsymbol{x}=p_1\boldsymbol{c}_1+p_2\boldsymbol{c}_2+q_1\boldsymbol{b}_1+q_2\boldsymbol{b}_2$$

と表される．そこで，この像を求めると

$$\begin{aligned}f(\boldsymbol{x})&=f(p_1\boldsymbol{c}_1+p_2\boldsymbol{c}_2+q_1\boldsymbol{b}_1+q_2\boldsymbol{b}_2)\\&=p_1f(\boldsymbol{c}_1)+p_2f(\boldsymbol{c}_2)+q_1f(\boldsymbol{b}_1)+q_2f(\boldsymbol{b}_2)\end{aligned}$$

$\boldsymbol{c}_1, \boldsymbol{c}_2$ は核の元だから，その像は $0'$，よって

$$f(\boldsymbol{x})=q_1f(\boldsymbol{b}_1)+q_2f(\boldsymbol{b}_2)$$

q_1, q_2 はともに任意の実数値をとるから

$$f(W)=[f(\boldsymbol{b}_1), f(\boldsymbol{b}_2)]$$

最後の仕上げは $f(\boldsymbol{b}_1), f(\boldsymbol{b}_2)$ が1次独立であることの証明．しかし，前と同様 …… やるまでもないでしょう」

「いや，分らんよ．“災害は忘れた頃に来る”の警句がある．念のために ……」

「そういわれると不安．

$$\lambda_1f(\boldsymbol{b}_1)+\lambda_2f(\boldsymbol{b}_2)=0'$$

とおいてみると

$$f(\lambda_1\boldsymbol{b}_1+\lambda_2\boldsymbol{b}_2)=0'$$

$\lambda_1\boldsymbol{b}_1+\lambda_2\boldsymbol{b}_2$ は核に属するから $\boldsymbol{c}_1, \boldsymbol{c}_2$ の1次結合 ……」

「それごらん．盲点」

「いけませんか」

「核に属するだけでは不十分．“$\boldsymbol{b}_1, \boldsymbol{b}_2$ は W に属するから $\lambda_1\boldsymbol{b}_1+\lambda_2\boldsymbol{b}_2$ も W に属す”が脱落」

「そうか．それで，はじめて $\lambda_1\boldsymbol{b}_1+\lambda_2\boldsymbol{b}_2$ は $f^{-1}(0')\cap W$ に属することが分り，$\boldsymbol{c}_1, \boldsymbol{c}_2$ の1次結合で表されることになる．

$$\lambda_1\boldsymbol{b}_1+\lambda_2\boldsymbol{b}_2=\mu_1\boldsymbol{c}_1+\mu_2\boldsymbol{c}_2$$

$$(-\mu_1)\boldsymbol{c}_1+(-\mu_2)\boldsymbol{c}_2+\lambda_1\boldsymbol{b}_1+\lambda_2\boldsymbol{b}_2=0$$

$\boldsymbol{c}_1, \boldsymbol{c}_2, \boldsymbol{b}_1, \boldsymbol{b}_2$ は1次独立であったから，係数はすべて 0，したがって

$$\lambda_1 = \lambda_2 = 0$$

$f(\boldsymbol{b}_1), f(\boldsymbol{b}_2)$ は1次独立だから，$f(W)$ の次元は2」

「このとき成り立つ等式は

$$\dim f(W) + \dim f^{-1}(0') \cap W = \dim W$$
$$\begin{array}{ccc} \uparrow & \uparrow & \uparrow \\ 2 & 2 & 4 \end{array}$$

この場合の証明も一般化はたやすい」

「僕の求めていた定理が，遂に分って，うれしいよ」

次元定理 $\dim f(V) + \dim f^{-1}(0') = \dim V$

⬇

次元定理の拡張 $\dim f(W) + \dim f^{-1}(0') \cap W = \dim W$

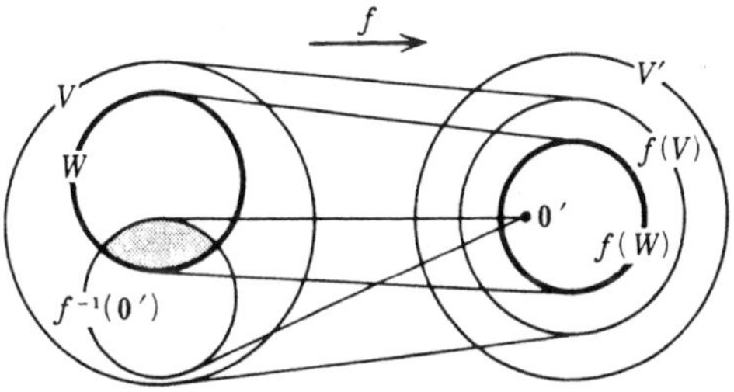

次元定理から分ること

「苦労のすえ導いた定理だ．これから分ることを，すべて読みとりたい．等式を眺めて最初に気ずくことは？」

「W の次元とその像の次元との大小です．

(i) $$\dim f(W) \leqq \dim W$$

ベクトル空間の次元は，写像を行うと，一般には小さくなる．変らないことが，たまにはあるが ……」

「変らないのはどんな場合か …… この解明は興味があるだろう」

「$f^{-1}(0')\cap W$ の次元が 0 のとき …… それは $f^{-1}(0')\cap W$ がゼロベクトルだけのとき」

「そんな結論は興味ない．ほしいのは，W がどんな部分空間であってもそうなる場合」

「どんな W についても

$$f^{-1}(0')\cap W=\{0\}$$

となるのは，明かに $f^{-1}(0')=\{0\}$ の場合」

「フィーリングによる結論は危い．W を特異な部分空間にしてみては ……．数学でも，変り者は意外なときに役に立つ」

「部分空間で特異なものといえば，$\{0\}$ か V 自身 …… W に $\{0\}$ を代入しても効果がない．V を代入すると

$$f^{-1}(0')\cap V=\{0\} \quad \text{ゆえに} \quad f^{-1}(0')=\{0\}$$

核が $\{0\}$ のとき」

「核が $\{0\}$ ならば，写像 f は単射」

「当然の結論といった感じです」

× ×

「定理の等式を変形すれば，第 2 の収穫がありそう．移項して

$$\dim W-\dim f(W)=\dim f^{-1}(0')\cap W$$

ところが $f^{-1}(0')\cap W$ は $f^{-1}(0')$ に含まれるから

$$\dim f^{-1}(0')\cap W\leqq \dim f^{-1}(0')$$

そこで，次の不等式

$$\dim W-\dim f(W)\leqq \dim f^{-1}(0')$$

$\dim f(W)$ について解いて

(ii) $$\dim W-\dim f^{-1}(0')\leqq \dim f(W)$$

先の不等式(i)は $\dim f(W)$ の上の限界を与え，この不等式は下の限界を与える」

「なるほど，そう見れば興味のある不等式」

「さらに書きかえてみるか．拡張前の次元定理によれば

$$\dim f^{-1}(0')=\dim V-\dim f(V)$$

これを(ii)に代入すると

$$\text{(iii)}\qquad \dim W+\dim f(V)-\dim V\leqq\dim f(W)$$

これは，興味津々の不等式」

「僕には“馬に念仏”ですが」

「無理もないね．このままでは，見えるはずのものも見えない．写像 f を行列で表現してみれば，アッと驚くはず．次の愉みとして残しておくよ．数学もドラマと変らない．幕切れがたいせつだ」

11
みんなで泣いたこの難問

「きょうは難問持参です」
「おどかすね．しょっぱなから．難問は難問にあらずと結着つけたい．どんな問題か」
「行列の積のランクの不等式

$$\mathrm{rank}\, A+\mathrm{rank}\, B-m\leqq \mathrm{rank}\, AB$$

mはAの列の個数 …… Bの行の個数と同じ」
「よく見かける問題 …… rank AB の下の限界を示す不等式とみることもできる」
「上の限界を示す不等式もあるのですか」
「この前やった不等式

$$\mathrm{rank}\, AB\leqq \mathrm{rank}\, A,\ \mathrm{rank}\, B$$

これは rank AB の上の限界を与えるとみられる．いや，そう見ると不等式の正体をつかんだような気になるでしょう」
「たしかに，そんな気が ……」
「君の自称難問の証明 …… どこで行詰った」
「自力では手も足も出ないので，線型代数の演習の本をみたのです．証明の一行一行はもっともと思うのですが，読み終ってみると全体はボーとして自信がもてない」

「よくあること．悲観しなくていい．大体，人間の認識はそういうものです．最初から，何もかも分ったとしたら，生きがいがなくなる．何かが分り，何かが分らないから人間は生きていると思わんかね．推論のひとコマ，ひとコマは分るのに，全体としてははっきりしない．数学を学んで，同じような経験を持たない人はいないと思うね」
「未知の土地を案内してもらったような感じで，土地全体のようすがさっぱりわからず，1人歩きの自信がないような……」
「他人の証明を読むのは，夜，クルマで案内されるようなもの …….観光は徒歩に限る．きょうは2人でテクテク …… 散歩としゃれようか．君の読んだ証明をみたいね」
「コピーを用意して来ました．これです」
「読みづらいね．ベタ組みは ……」
「ベタ組み？」
「どの行も余白なしにべったりと活字をつめるから，ベタ組みという．印刷では ……」
「演習の解答は，たいてい，こうですが」
「ページ数をへらすためですよ．定価を安く …… 読者へのサービス」
「読みづらいから差引き同じでしょう」
「君のような金持ちの意見は例外．例外を一般化したのでは商売にならない．それにしても，これは分りにくい．ベタ組みだけが原因ではないよ」
「証明がへた」
「へた，じょうずというよりは，分らせようという親切心がないですね．“原稿用紙をうめさえすればよい”の原稿料かせぎの所産ですよ．きっと …….　こんな証明の解説をやる気はしない．別途に考えよう」
「お願いします．親切心タップリのを ……」

×　　　　×

「前に，次元定理の拡張をやったでしょう」

「はい．線型写像の ……」

「あのとき，予告したでしょう．この定理は行列のランクでみると興味津々と ……」

「思い出しました．次元定理は，ベクトル空間 V から V' への線型写像を f とすると

(i)　$\dim f(V)+\dim f^{-1}(\mathbf{0}')=\dim V$

これを拡張した，いや，拡張してもらったのは，V の部分空間を W としたとき

(ii)　$\dim f(W)+\dim f^{-1}(\mathbf{0}')\cap W=\dim W$

が成り立つこと」

「記憶がいいね．逆にみると(i)は(ii)の特殊な場合 ……(ii)で $W=V$ とすると(i)になる．(ii)をかきかえて

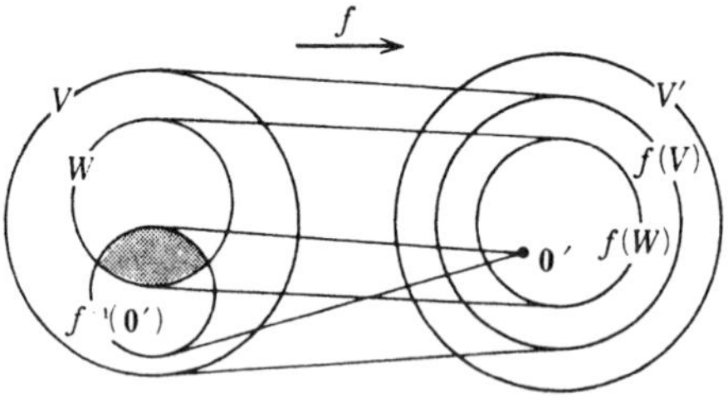

(iii)　$\dim W-\dim f(W)=\dim f^{-1}(\mathbf{0}')\cap W$

この式から，君が読みとれることは ……」

「読みとる？」

「気づくことですよ」

「$\dim W \geqq \dim f(W)$ …… 部分空間の次元は写像によって減ること」

「くわしく見れば，その減った分が

$$\dim f^{-1}(\mathbf{0}')\cap W$$

です．これは部分空間Wを縮小すれば小さくなる．つまり $W\subset W'$

のとき

$$\dim f^{-1}(\mathbf{0}')\cap W \leqq \dim f^{-1}(\mathbf{0}')\cap W'$$

(iii) を用いてかきかえると

$$\dim W-\dim f(W) \leqq \dim W'-\dim f(W')$$

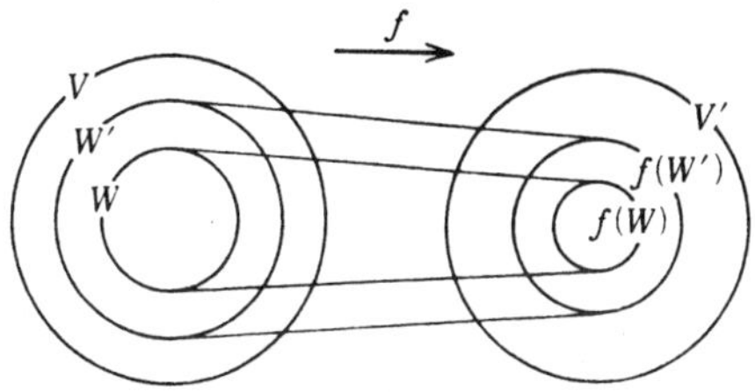

図解してみれば，もっともな結論ですね．とくに $W'=V$ とおくと

(iv) $\quad \dim W-\dim f(W) \leqq \dim V-\dim f(V)$

これが本番の不等式です」

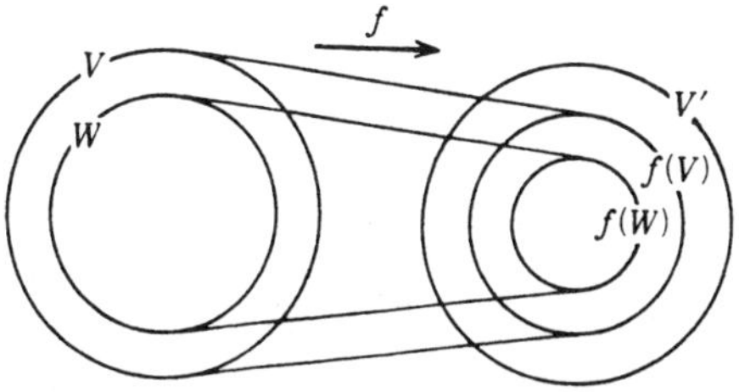

「それを応用するのですか．証明に ……」

「応用というよりは，行列のランクによって表現をかえるのです．自称難問は移項すれば

$$\operatorname{rank} B-\operatorname{rank} AB \leqq m-\operatorname{rank} A$$

これを (iv) とくらべてみると，式の形がピッタリ合う．

$$\begin{array}{ccccccc} \operatorname{rank} B & - & \operatorname{rank} AB & \leqq & m & - & \operatorname{rank} A \\ | & & | & & | & & | \\ \dim W & - & \dim f(W) & \leqq & \dim V & - & \dim f(V) \end{array}$$

ごらんの通りだ」

「証明のアウトラインが目に浮んできた．次元をランクにかえれば万事終りとなるのでしょう」

「見ぬいたね．では，行列と線型写像の関係を復習しよう」

「やさしい．行列 A があるときベクトル $\boldsymbol{x}$ に $A\boldsymbol{x}$ を対応させれば線型写像になる」

「もっと正確にいってほしいよ．A を (l, m) 型の行列，次元が l, m のベクトル空間をそれぞれ V_l, V_m とすると，写像

$$f:\begin{cases} V_m \to V_l \\ \boldsymbol{x} \mapsto A\boldsymbol{x} \end{cases}$$

は線型写像である．ざっと，こんな風に……．次に，この写像と $\operatorname{rank} A$ との関係は？」

「$\dim f(V_m) = \operatorname{rank} A$」

「基礎知識は終った．いよいよ本番です．A を (l, m) 型の行列，B を (m, n) 型の行列とすると AB は (l, n) 型の行列．これらの表す写像を考える．

$$B\text{に対する写像}\quad g:\ V_n \to V_m$$

$$A\text{に対する写像}\quad f:\ V_m \to V_l$$

こう表せば AB に対する写像は g と f の合成写像になる．

$$AB\text{ に対する写像}\quad fg:\ V_n \to V_l$$

次の図で，太線のところに特に注目し，前に知った不等式を作ると

$$\dim W - \dim f(W) \leqq m - \dim f(V_m)$$

これを左から順に行列のランクにかえてほしい」

「W は写像 g の値域だから

$$\dim W = \text{rank } B$$

次に $\dim f(W)$ は ……？」

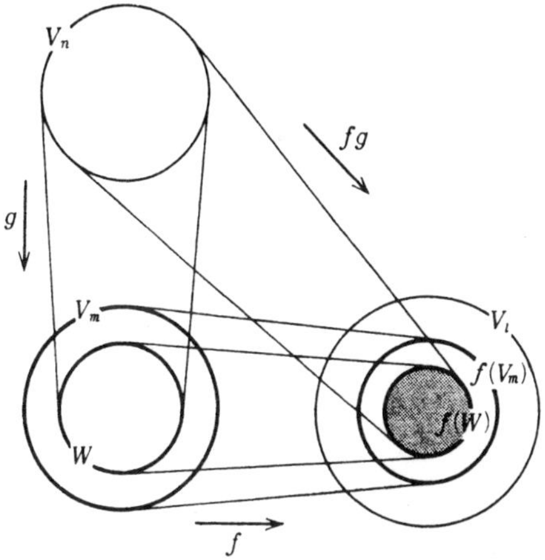

「分りませんか．写像 fg でみると ……」

「ああ，そうか．fg の値域だから

$$\dim f(W) = \dim fg(V_n) = \text{rank } AB$$

最後の項は考えるまでもなく

$$\dim f(V_m) = \text{rank } A$$

結局，先の不等式は

$$\text{rank } B - \text{rank } AB \leqq m - \text{rank } A$$

とかきかえられる」

「移項すれば

$$\text{rank } A + \text{rank } B - m \leqq \text{rank } AB$$

となって，君が受難の不等式が ……」

「受難は僕だけではありません．講義を選んだ僕たち全員が ……」

「この解答の特色は，図と結びつき．イメージが定着することです．このイメージを持った後ならば，君のコピーの解も，ほぐれると思うね．あとで，ゆっくり読み返してほしい」

12
無い袖は振れぬ

「演習の中の1題ですが，どうやっても解けません．自信喪失です」

「どんな問題か」

「Aを行列とするとき

$$\mathrm{rank}\ {}^tAA = \mathrm{rank}\ A$$

の証明です．こんな簡単な等式なのに ……」

「問題の簡単と解法の簡単とは無縁．君は八方手をつくしたというが，その手は？」

「行列の積のランクに関する不等式の応用です．最初に

$$\mathrm{rank}\ BA \leqq \mathrm{rank}\ A,\ \mathrm{rank}\ B$$

に当てはめてみた．$B={}^tA$ とおくと $\mathrm{rank}\ {}^tA=\mathrm{rank}\ A$　だから

$$\mathrm{rank}\ {}^tAA \leqq \mathrm{rank}\ A$$

となるだけで，等号にはならない」

「その次に，どうやった」

「$\mathrm{rank}\ BA$ の下の限界の不等式

$$\mathrm{rank}\ B + \mathrm{rank}\ A - m \leqq \mathrm{rank}\ BA$$

m は A の行の個数です．A を (m, n) 型の行列として，ここで $B={}^tA$ とおいてみても

$$\text{rank}\,{}^tA+\text{rank}\,A-m\leqq\text{rank}\,{}^tAA$$
$$2\,\text{rank}\,A-m\leqq\text{rank}\,{}^tAA$$

これ以上は，どうにもなりません」

「なるほどね．君は見当違いの道を歩いているようだ．ショック療法として，1つの例を挙げようか．Aとして

$$A=\begin{pmatrix}1 & -i\\ i & 1\end{pmatrix}$$

を選んでみると

$${}^tAA=\begin{pmatrix}1 & i\\ -i & 1\end{pmatrix}\begin{pmatrix}1 & -i\\ i & 1\end{pmatrix}=\begin{pmatrix}0 & 0\\ 0 & 0\end{pmatrix}$$

ランクを求めてごらん」

「$\text{rank}\,{}^tAA=0$ は明か．A は第1行の i 倍を第2行からひいて

$$\text{rank}\,A=\text{rank}\begin{pmatrix}1 & -i\\ 0 & 0\end{pmatrix}=1$$

おや，ショック！　2つのランクが等しくない．問題が誤り！」

「これだけのことで，責任をすべて問題のせいにするのは軽率」

「でも，反例が1つあれば誤りですが」

「いや，条件が脱落ということもある．君がいま受けている講義の線型代数 …… スカラーはなんですか」

「実数です．ベクトルも行列も ……」

「そうでしょう．スカラーは実数ときめているから，問題で，実数という条件を省略したのです．きっと，先生は ……」

「じゃ，本当は，“成分が実数の行列Aで

$$\text{rank}\,{}^tAA=\text{rank}\,A$$

を証明せよ”ですね．この問題は ……」

「条件を補わない君に責任がある」

「不親切ですよ．責任の半分は先生にも ……」

「責任のなすりあいはよそう．君が応用した不等式は …… 証明を

みれば分るように，スカラーは実数でも，複素数でも，そのほかの数でも成り立つ」

「それがどうしていけないのですか」

「つまり，君の用いた不等式は，実数の特性と無縁なのだ」

「実数の特性 …… ？」

「実数にはあるが複素数にはないものです」

「実数にあって複素数にはない …… そうか，分った．大小関係ですね」

「そう．その大小関係を使わない限り，この問題は解決しないと思うね．昔から“無い袖は振れぬ”の諺がある．君の用いた不等式にとって，大小関係は，つまり“無い袖”なのですよ」

「洋服ですか」

「洋服ではね，和服のムードを出せといってもムリ」

「実数の大小関係の何が …… ？」

「線型代数で重要なのは，平方が負にならないこと．くわしくは，a を実数とすると

(i) $a^2 \geqq 0$

(ii) $a^2=0 \iff a=0$

この2つですね」

「それが線型代数のどこで重要なのです？」

「ベクトルの内積です．2つのベクトル

$$\boldsymbol{a}=(a_1, \cdots, a_n), \quad \boldsymbol{b}=(b_1, \cdots, b_n)$$

の内積を

$$(\boldsymbol{a}|\boldsymbol{b})=a_1b_1+\cdots+a_nb_n$$

で表したとすると

$$(\boldsymbol{a}|\boldsymbol{a})=a_1^2+a_2^2+\cdots+a_n^2$$

ここで，実数の性質を用いると

(i) $(\boldsymbol{a}|\boldsymbol{a}) \geqq 0$

(ii) $(\boldsymbol{a}|\boldsymbol{a})=0 \iff \boldsymbol{a}=\boldsymbol{0}$

となって，ベクトルの重要な性質が出る」

「実数に似てますね」

「大小関係の予備知識はこれで十分．質問の証明に戻りたい」

「しかし，この予備知識 …… 行列のランクとは結びつかない．僕の力では ……」

「そこが本問解決のカギ …… 1次方程式を考えれば，解集合の次元が行列のランクと結びつく．分るかね」

「さっぱり」

「いや，ヒントで結びつくはず．行列 A を (m, n) 型とし，この A に対して連立1次方程式

$$A\boldsymbol{x}=\boldsymbol{0} \qquad ①$$

を考えてみよ．$\boldsymbol{x}$ は n 項ベクトル．解集合を S とすると，S は n 次元ベクトル空間 $\boldsymbol{R}^n$ の部分空間なので解空間ともいった．われわれが，さし当って必要なのは S の次元 ……」

「S の次元は …… ？？　思い出した．解空間は線型写像 $f(\boldsymbol{x})=A\boldsymbol{x}$ の核であったから，その次元は $n-\mathrm{rank}\,A$ です」

「そう，そう．それを思い出せば，第1関門は突破です．同様のことを ${}^tAA$ にもあてはめればよい．${}^tAA$ は (n, n) 型の行列．そこで，連立1次方程式

$$({}^tAA)\boldsymbol{x}=\boldsymbol{0} \qquad ②$$

を考え，この解空間を S' とすると，S' の次元は $n-\mathrm{rank}\,{}^tAA$ だ．さて，そこで

$$\mathrm{rank}\,A=\mathrm{rank}\,{}^tAA$$

を証明するには ……」

「$S=S'$ を証明すればよい」

「そう．そのためには，$S\subseteq S'$ と $S'\subset S$ を証明すればよい」

「$S\subset S'$ を証明してみる．①を成り立たせる $\boldsymbol{x}$ に対して

$$({}^t\!AA)\boldsymbol{x}={}^t\!A(A\boldsymbol{x})={}^t\!A\mathbf{0}=\mathbf{0}$$

となるから②も成り立つ．したがって $S\subset S'$ である．次に $S'\subset S$ の証明……②をみたす $\boldsymbol{x}$ に対して……？？」

「行詰りか」

「どうにも……」

「第2の関門②をみたす $\boldsymbol{x}$ に対して $A\boldsymbol{x}$ が $\mathbf{0}$ となればよい．$A\boldsymbol{x}=\boldsymbol{y}$ とおくと $\boldsymbol{y}=\mathbf{0}$ となればよい．ここで，内積の性質(ii)を思い出し……$(\boldsymbol{y}|\boldsymbol{y})=0$ となればよい．ここの $\boldsymbol{y}$ は列ベクトルであるから，内積の $(\boldsymbol{y}|\boldsymbol{y})$ を行列の乗法で表せば

$$y_1{}^2+\cdots+y_n{}^2=(y_1,\cdots,y_n)\begin{pmatrix}y_1\\ \vdots\\ y_n\end{pmatrix}={}^t\boldsymbol{y}\boldsymbol{y}$$

だから……」

「そうか．$\boldsymbol{y}=\mathbf{0}$ を導くことには

$${}^t\boldsymbol{y}\boldsymbol{y}=\mathbf{0}$$

を導けばよい．$\boldsymbol{y}=A\boldsymbol{x}$ だから ${}^t\boldsymbol{y}={}^t\boldsymbol{x}{}^t\!A$,

$${}^t\boldsymbol{y}\boldsymbol{y}=({}^t\boldsymbol{x}{}^t\!A)(A\boldsymbol{x})={}^t\boldsymbol{x}({}^t\!AA\boldsymbol{x})$$

なるほど，ここで②を用いると

$${}^t\boldsymbol{y}\boldsymbol{y}={}^t\boldsymbol{x}\mathbf{0}=\mathbf{0}$$

これで $\boldsymbol{y}=A\boldsymbol{x}=\mathbf{0}$ となったから①は成り立ち $S'\subset S$」

「証明は済んだようなもの．$S=S'$ から

$$\dim S=\dim S'$$
$$n-\operatorname{rank} A=n-\operatorname{rank}{}^t\!AA$$
$$\operatorname{rank} A=\operatorname{rank}{}^t\!AA$$

どう．感想は……」

「やっぱり難問……着眼が手品的です」

「確に……1次方程式の解空間を考えるところは，ヒントがないと無理だろうね．手品的なものは，数学でも，しばしばあること．こ

れあるために，数学は楽しいという人も ……」

「逆に嫌になる人も ……」

「ギャンブルと同じことで …… 笑う人あれば泣く人あり．“一生の不覚” などとタンカを切ってみても後の祭」

13
中線平方定理の魔力

1　中線平方の定理

初等幾何に，中線平方の定理というのがある．これから度々使うので中線定理とつめて呼ぶことにしよう．有名だから説明するまでもないだろう．

三角形 ABC の辺 BC の中点を M とすると

$$AB^2+AC^2=2AM^2+2BM^2$$

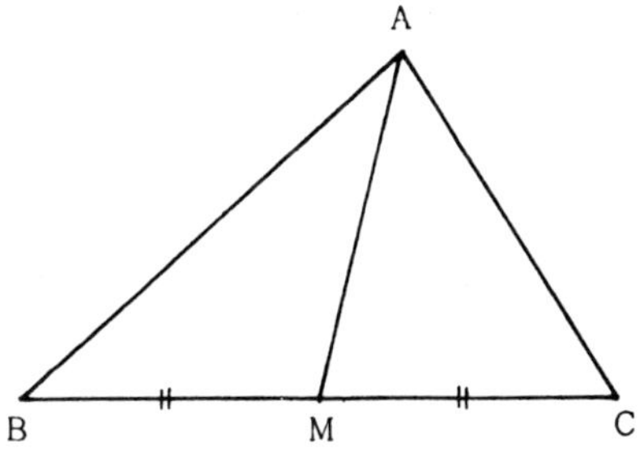

前にパップス (Pappus, Pappos) の定理と名づけた本があり，この名は初等幾何のはなやかな頃広く用いられていたような気がする．

十数年前のことであるが，この名をテキストに入れたら，H高校のF先生から問合せがあった．外国のテキストをみたらアポロニュースの定理とあったというのです．R先生は不審に思い，いまは故人の小倉金之助先生にお尋ねした．小倉先生は几帳面な方で，資料も豊富ですから，さっそく，パップス全集に目を通された．その結果，この定理は見当らなかったというのです．

誰かが，うっかり間違えて本にのせ，それが日本中に広まったのが真相であろうか．

× ×

あるところで，S先生が「この定理は幾何では重要なものなのですよ」といった．そこで私は「どんなふうに重要なのですか」と問うてみた．「理由は分らないが，T大のH教授がおっしゃったのです」との答．

数学者は数学に関しては，余りウソをいわないから，信用しても被害は少ない．もし，こんな調子で，政治家のいうことを信用したら，えらいことになるだろう．最近の世相を眺めての実感である．

インスタントなものの流行は食品に限らないようである．知識のインスタント化が急速に進みつつある．新書判の氾濫が，その端的な指標である．その船頭をつとめているのがテレビと週刊誌ということか．いや，大学こそ元凶だという人もいる．

理由も知らずに信用しきった知識，他人の話の受け売り，物知り事典で仕込んだ知識，などなど．これらの総称が，いわゆる「話としての知識」である．「自分の力の2，3歩先は暗闇」が数学の特徴であってみれば，数学から「話としての知識」を取り除くのは容易でないが，それだからこそ，数学では，そのような知識は一層有害との逆説的な見方もできそうである．世間に広まっている数学の神秘化の背景に，話しとしての数学の知識がないとはいいきれない．

× ×

えらそうなことを書いてしまった手前，中線平方定理のことも，話では済まされない破目に落ちてしまった．ベクトル空間のユークリッド化に焦点をしぼり，解説を試みよう．これが完全な解明だなどという自負心はサラサラない．

2 中線定理の正体は？

昔は初等幾何の堂々たる定理であったが，昨今は証明問題の１つと思っている人が多い．

この定理の重要さは，ピタゴラスの定理の身代りになるところにあろう．しかも，ピタゴラスの定理は角に関係があるのに，中線定理は角ヌキである．そこがおもしろい．

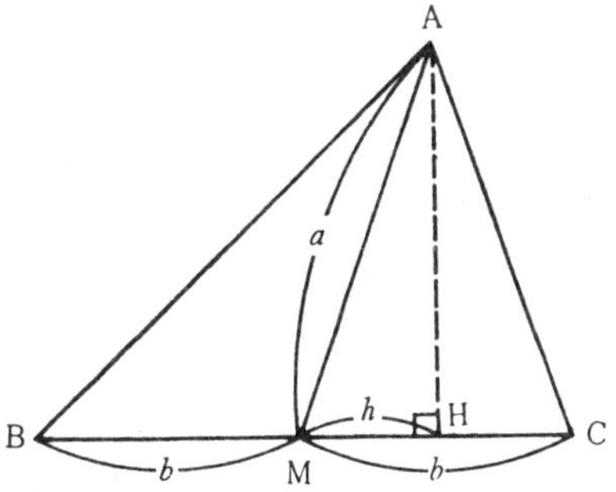

ピタゴラスの定理は直角三角形に関するもの．ところが中線定理はどんな形の三角形であっても，中線を１つひけば成り立つもので，角とは無縁である．

中線定理の証明にはピタゴラスの定理を用いる．それなのに，中線定理は角ヌキである．それを確認するために，証明を振り返ってみるのも無駄ではなかろう．

△ABC で辺 BC の中点を M，A から BC にひいた垂線の足を H とする．H が M に関し C と同側にあったとすると

$$\mathrm{AB}^2=\mathrm{AH}^2+\mathrm{BH}^2$$
$$=a^2-h^2+(b+h)^2=a^2+b^2+2bh$$

$$AC^2 = AH^2 + CH^2$$
$$= a^2 - h^2 + |b-h|^2 = a^2 + b^2 - 2bh.$$

2式を加えると，垂線に関係のある長さ h はプラス，マイナスで消えうせ

$$AB^2 + AC^2 = 2a^2 + 2b^2 \quad ①$$

となる．

証明の主役を演じたのはピタゴラスの定理であることから，次のことがわかった．

ピタゴラスの定理 → 中線定理

×　　　　　　×

この逆はどうだろうか．図で∠Aを直角とするとAM＝BM＝CM，これを①に代入すると

$$AB^2 + AC^2 = 4b^2 = BC^2$$

となってピタゴラスの定理が導かれた．

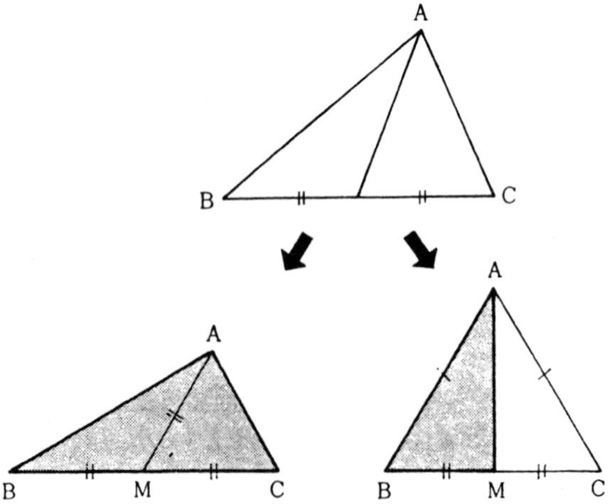

$BC^2 = AB^2 + AC^2$　　　　$AB^2 = AM^2 + BM^2$

△ABC を直角三角形にする代りに，△ABM を直角三角形としてもよい．$AM \perp BC$ ならば $AB=AC$ だから①から

$$2AB^2=2a^2+2b^2$$

$$\therefore \quad AB^2=AM^2+BM^2$$

これで

中線定理 → ピタゴラスの定理

も明らかにされ，2つの定理は同値であることが分った．

× ×

しかし，厳密な意味で同値かと問われると，多少の不安が残る．この同値の証明は，どれだけの公理を認めた上での推論かを，はっきりさせてないからである．初等幾何の古典的論理体系は公理の分析が不十分で，両定理の同値をみる基盤としては弱体である．ヒルベルトの幾何学の基礎以後の成果を取り入れることも考えられるが，ここの話題としては硬すぎよう．残された道のひとつに「空間の代数化」，逆に見て「代数の空間化」．このサンプルにベクトル空間がある．この空間の論理体系は，単純明解で，多くの人に親しまれている．話題をこの空間にしぼり，先の2つの定理の関係を調べてみる．

3 内積によるユークリッド化

最近の線形代数の本をみると，ベクトルの振り出しは，数の順序対，いわゆる数ベクトルで，上りは，公理によるベクトル空間の構成である．

この論理構成で，はっきりすることは，一般のベクトル空間には長さと角の概念がないことである。長さと角の概念の導入は，主として内積による．

| ベクトル空間 | → | 内積 | → | 長さと角 |

この構成は高校のベクトルの整理に過ぎないが，論点をはっきりさせるため，そのカラクリの要点を省くわけにはいかない．

ベクトル空間の公理系は省略し，内積以後を整理すれば十分であろう．

内積の抽象的な導入は，次の公理系をみたすものとして間接に定義する方法である．もちろん，内積がどんな写像かを，前もって明らかにしておくことは必要である．ここではスカラーとして実数をとった場合を考えれば十分である．したがってベクトル空間を V，実数全体を $\boldsymbol{R}$ とすると，内積という演算は，2つのベクトルの組$(\boldsymbol{a}, \boldsymbol{b})$ に，1つの実数 $\boldsymbol{r}$ を対応させる写像とみる．

$$\text{内積：}\begin{cases} V\times V \rightarrow \boldsymbol{R} \\ (\boldsymbol{a}, \boldsymbol{b}) \mapsto \boldsymbol{r} \end{cases}$$

ベクトル $\boldsymbol{a}, \boldsymbol{b}$ の内積の表わし方としては慣用の $(\boldsymbol{a}, \boldsymbol{b})$を用いることにする．

内積の公理系

P_1　$(\boldsymbol{a}, \boldsymbol{b})=(\boldsymbol{b}, \boldsymbol{a})$

P_2　$(\boldsymbol{a}, \boldsymbol{b}+\boldsymbol{c})=(\boldsymbol{a}, \boldsymbol{b})+(\boldsymbol{a}, \boldsymbol{c})$

P_3　$(k\boldsymbol{a}, \boldsymbol{b})=k(\boldsymbol{a}, \boldsymbol{b})$　$k\in\boldsymbol{R}$

P_4　$(\boldsymbol{a}, \boldsymbol{a})\geqq 0$，　等号の成り立つのは $\boldsymbol{a}=\boldsymbol{0}$ のときに限る．

×　　　　　×

この公理系をみたす内積によって，ベクトルに長さを導入するのはやさしい．

ベクトル $\boldsymbol{a}$ の長さ（大きさともいう）は $|\boldsymbol{a}|$ で表わし，次の式で定義すればよい．

$$|\boldsymbol{a}|=\sqrt{(\boldsymbol{a}, \boldsymbol{a})}$$

内積の公理 P_4 によると $(\boldsymbol{a}, \boldsymbol{a})\geqq 0$ だから，この定義はつねに可能で，この長さが，次の性質をみたすことは簡単に確かめられる．

長さの性質

L_1 $|\boldsymbol{a}|\geqq 0$，等号の成り立つのは $\boldsymbol{a}=\boldsymbol{0}$ のときに限る．

L_2 $|k\boldsymbol{a}|=|k|\cdot|\boldsymbol{a}|$ $(k\in\boldsymbol{R})$

L_3 $|\boldsymbol{a}|+|\boldsymbol{b}|\geqq|\boldsymbol{a}+\boldsymbol{b}|$

これらの証明はご存じの方が多いだろう．L_1 と L_2 は自明に近い．L_3 は予備知識としてコーシーの不等式

$$|\boldsymbol{a}|\cdot|\boldsymbol{b}|\geqq|(\boldsymbol{a}, \boldsymbol{b})|$$

が必要であるが，この証明は高校のテキストにも載っている．L_3 自身の証明では，両辺を平方してみればよい．

× ×

ピタゴラスの定理の証明には，角の概念として，最小限，ベクトル

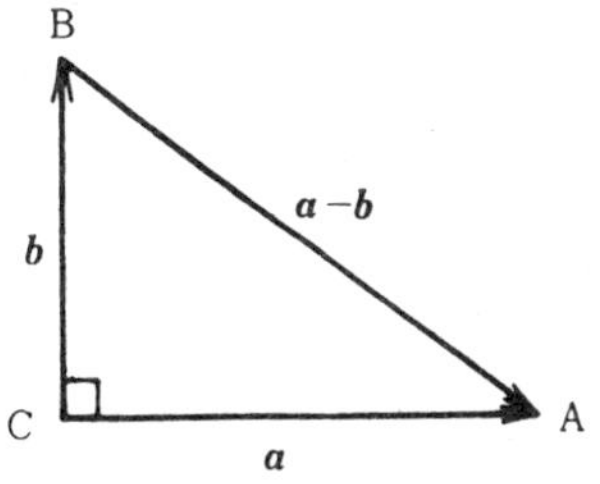

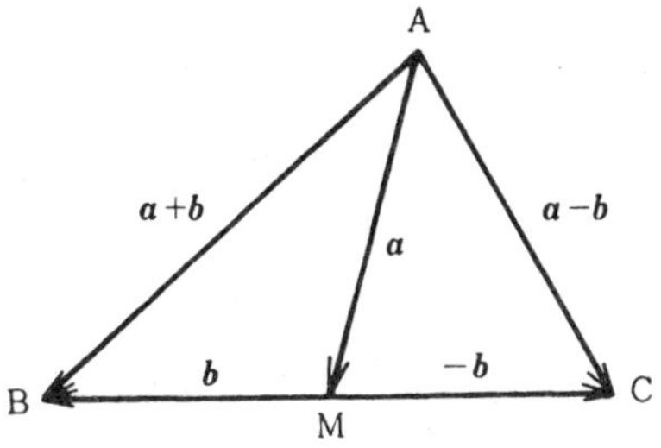

の垂直が必要である．それには，2つのベクトル $\boldsymbol{a}, \boldsymbol{b}$ は $(\boldsymbol{a}, \boldsymbol{b})=0$ のとき垂直であると定め，$\boldsymbol{a}\perp\boldsymbol{b}$ と表わせばよい．

$$(\boldsymbol{a}, \boldsymbol{b})=0 \rightleftarrows \boldsymbol{a}\perp\boldsymbol{b}$$

一般には $\boldsymbol{a}$ または $\boldsymbol{b}$ がゼロベクトルの場合を含める．その方が理論をすすめるうえで，特例が起きず，推論が単純化されるのである．

ピタゴラスの定理は，逆も含め

$$\boldsymbol{a}\perp\boldsymbol{b} \rightleftarrows |\boldsymbol{a}-\boldsymbol{b}|^2=|\boldsymbol{a}|^2+|\boldsymbol{b}|^2$$

図がないとイメージの浮ばない方は，前の図をみて頂こう．

中線平方の定理は1つの等式

$$|\boldsymbol{a}+\boldsymbol{b}|^2+|\boldsymbol{a}-\boldsymbol{b}|^2=2|\boldsymbol{a}|^2+2|\boldsymbol{b}|^2$$

で，両方を計算するだけで確かめられる．

この具体的イメージも，前の図がないと浮ばないだろう．

× ×

これでベクトル空間に長さを導入することができた．角は三角関数の1つ 余弦を既知とし，2つのベクトル $\boldsymbol{a}, \boldsymbol{b}$ に対し

$$\cos\theta=\frac{(\boldsymbol{a}, \boldsymbol{b})}{|\boldsymbol{a}|\cdot|\boldsymbol{b}|}$$

によって定まる実数 $\theta(0\leqq\theta\leqq\pi)$ を $\boldsymbol{a}, \boldsymbol{b}$ のなす角として導入すればよい．このように定めれば $\boldsymbol{a}\perp\boldsymbol{b}$ のときは

$$(\boldsymbol{a}, \boldsymbol{b})=0, \quad \cos\theta=0, \quad \theta=\frac{\pi}{2}$$

となって予期した結果が出る．

これでベクトル空間のユークリッド化がすんだ．

長さの成分表示が，2次元のベクトル $\boldsymbol{a}=(a_1, a_2)$ に対して

$$|\boldsymbol{a}|=\sqrt{a_1{}^2+a_2{}^2}$$

によって与えられることは高校で学んだのと変らない．この式で与えられる長さをユークリッドの長さというのは自然なことである．

4 長さから内積への道

これからが本番である．論理体系を逆転させ，長さから内積を導く道を探ろうというのである．ベクトル空間を矢線ベクトルで構成するのがこれに近い．矢線ベクトルでは，最初に矢線の相等を見分けるため，その長さと向きの比較が起きる．それができるためには長さと向きは分っていなければならない．

この構成は長さを含むが，演算に関する法則を導くときに初等幾何のジャングルに迷い込むわけで，公理の分析と目標にそわない．

× ×

初等幾何のジャングルを避けるには，長さをいくつかの公理によって間接的に規定する道を選べばよいだろう．その公理として何が望ましいか．頭に浮ぶのは，前に知った長さの性質である．

すべてのベクトルに長さがあると仮定し，$\boldsymbol{a}$ の長さは $|\boldsymbol{a}|$ で表わすことにする．いうまでもなく $|\boldsymbol{a}|$ は実数で，写像としてみれば

$$|\boldsymbol{a}| : \begin{cases} V \longrightarrow \boldsymbol{R} \\ \boldsymbol{a} \longmapsto r \end{cases}$$

と表わされる．この長さが L_1, L_2, L_3 をみたすと仮定してみよう．

L_1　$|\boldsymbol{a}| \geqq 0$，等号の成り立つのは $\boldsymbol{a}=\boldsymbol{0}$ のときに限る．

L_2　$|k\boldsymbol{a}|=|k|\cdot|\boldsymbol{a}|$，$k \in \boldsymbol{R}$

L_3　$|\boldsymbol{a}|+|\boldsymbol{b}| \geqq |\boldsymbol{a}+\boldsymbol{b}|$

× ×

われわれの目標はベクトル空間のユークリッド化であるから，$|\boldsymbol{a}|$ はユークリッド的でなければならない． 3つの公理は，それを保証するだろうか．

ユークリッド的長さは，サンプルとして2次元ベクトル $\boldsymbol{a}=(a_1, a_2)$ を選ぶと

$$|\boldsymbol{a}|=\sqrt{a_1{}^2+a_2{}^2} \qquad ①$$

であった．これが，3つの公理をみたすことは簡単にわかる．しかし，この公理をみたす長さが①に限るかどうかは明らかでない．①に限ることを示すのは容易でないが，①に限らないことを示すのはやさしい．なぜなら，①と異なる長さで，3つの公理をみたすサンプルを1つ見つければ十分だからである．

そのサンプルにはこと欠かない．たとえば①と異なる長さとして

$$|\boldsymbol{a}|=|a_1|+|a_2|$$

で与えられるものを選んでみよ．

L_1, L_2 をみたすことは自明に近いから L_3 をみたすことを示そう．

$\boldsymbol{a}=(a_1, a_2)$,　$\boldsymbol{b}=(b_1, b_2)$ とすると

$$\begin{aligned}|\boldsymbol{a}|+|\boldsymbol{b}|&=(|a_1|+|a_2|)+(|b_1|+|b_2|)\\&\geqq|a_1+a_2|+|b_1+b_2|\\&=|\boldsymbol{a}+\boldsymbol{b}|\end{aligned}$$

このようなサンプルは，ほかにもあるが，ここでは1つ挙げたので十分だから深追いしない．

×　　　　×

以上により，長さの公理が L_1, L_2, L_3 の3つでは，ユークリッド的長さを規定するには不十分であることがわかった．

追加する公理として，最初に頭に浮ぶのはピタゴラスの定理

$$\boldsymbol{a}\perp\boldsymbol{b} \rightleftarrows |\boldsymbol{a}-\boldsymbol{b}|^2=|\boldsymbol{a}|^2+|\boldsymbol{b}|^2$$

であるが，内積のない現在，$\boldsymbol{a}\perp\boldsymbol{b}$ の定義で行詰る．

そこで，窮余の策として登場願うのが，角ヌキで，しかもピタゴラスの定理の代用になると予想される中線平方の定理である．これを L_4 としよう．

出発点を明確にするため公理系をまとめておく．

長さの公理系

L_1　$|\boldsymbol{a}|\geqq 0$，等号の成り立つのは $\boldsymbol{a}=\boldsymbol{0}$ のときに限る．

L_2　$|k\boldsymbol{a}|=|k|\cdot|\boldsymbol{a}|$,　$k\in\boldsymbol{R}$

L_3　$|\boldsymbol{a}|+|\boldsymbol{b}|\geqq|\boldsymbol{a}+\boldsymbol{b}|$

L_4　$|\boldsymbol{a}+\boldsymbol{b}|^2+|\boldsymbol{a}-\boldsymbol{b}|^2=2|\boldsymbol{a}|^2+2|\boldsymbol{b}|^2$

われわれの願いは，この公理系をみたす長さはユークリッド的長さに限るかどうかをみること．その道はけわしそうである．有力な道案内として内積に目をつける．もし，上の公理系によって内積を導くことが出来れば，われわれの願いは完全にみたされる．なぜなら，内積があれば長さはユークリッド的になることを，前に知ったからである．

×　　　　×

そこで，目前の課題は，長さによって内積を定義することにしぼられた．

長さと内積との関係として身近なものは余弦の定理をベクトルで表わしたもの

$$|\boldsymbol{a}+\boldsymbol{b}|^2=|\boldsymbol{a}|^2+|\boldsymbol{b}|^2+2(\boldsymbol{a},\boldsymbol{b})$$

である．そこで，これに目をつけ，内積を

$$(\boldsymbol{a},\boldsymbol{b})=\frac{|\boldsymbol{a}+\boldsymbol{b}|^2-|\boldsymbol{a}|^2-|\boldsymbol{b}|^2}{2}$$

によって定義しよう．

次の目標は，この式で定義した内積が，内積の公理系を完全にみたすかどうかの検討である．

5　内積の公理 P_2, P_3 の証明

内積の公理は4つあった．それらのうち，交換律 P_1 と正値性と呼ばれている P_4 の証明は自明に近い．したがって，残りの P_2 と P_3 の証明を取り挙げれば十分である．

P_2 の証明よりも P_3 の証明のほうがやさしいように見えるが，実際に当ってみると，そうではない．

× ×

P₂ の証明　証明する等式

$$(\boldsymbol{a}, \boldsymbol{b}+\boldsymbol{c})=(\boldsymbol{a}, \boldsymbol{b})+(\boldsymbol{a}, \boldsymbol{c})$$

の両辺を，内積の定義によって長さで表わしてみる．左辺を L，右辺を R で表わすと

$$2L=|\boldsymbol{a}+\boldsymbol{b}+\boldsymbol{c}|^2-|\boldsymbol{a}|^2-|\boldsymbol{b}+\boldsymbol{c}|^2$$
$$2R=|\boldsymbol{a}+\boldsymbol{b}|^2+|\boldsymbol{a}+\boldsymbol{c}|^2-2|\boldsymbol{a}|^2-|\boldsymbol{b}|^2-|\boldsymbol{c}|^2$$

そこで

$$4(L-R)=\underbrace{2|\boldsymbol{a}+\boldsymbol{b}+\boldsymbol{c}|^2+2|\boldsymbol{a}|^2}_{①}+\underbrace{2|\boldsymbol{b}|^2+2|\boldsymbol{c}|^2}_{②}$$
$$-\underbrace{\{2|\boldsymbol{a}+\boldsymbol{b}|^2+2|\boldsymbol{a}+\boldsymbol{c}|^2\}}_{③}-2|\boldsymbol{b}+\boldsymbol{c}|^2$$

が 0 に等しいことを示せばよい．①, ②, ③のところに中線定理 L_4 を用いると

$$4(L-R)=|2\boldsymbol{a}+\boldsymbol{b}+\boldsymbol{c}|^2+|\boldsymbol{b}+\boldsymbol{c}|^2+|\boldsymbol{b}+\boldsymbol{c}|^2+|\boldsymbol{b}-\boldsymbol{c}|^2$$
$$-|2\boldsymbol{a}+\boldsymbol{b}+\boldsymbol{c}|^2-|\boldsymbol{b}-\boldsymbol{c}|^2-2|\boldsymbol{b}+\boldsymbol{c}|^2$$
$$=0$$

× ×

P₃ の証明　任意の実数 k について等式

$$(k\boldsymbol{a}, \boldsymbol{b})=k(\boldsymbol{a}, \boldsymbol{b})$$

が成り立つことをいいたいが，それを一気にすますことはできない．よく知られているオーソドックスな順序

自然数 0	→	負の整数	→	分　数	→	無 理 数

を踏んで証明をすすめてみる．

k が自然数，0 のとき

$k=0, 1$ のとき成り立つことは，内積の定義によって簡単に示される．

$$(0\cdot\boldsymbol{a},\ \boldsymbol{b})=(\boldsymbol{0},\ \boldsymbol{b})=\frac{|0+\boldsymbol{b}|^2-|0|^2-|\boldsymbol{b}|^2}{2}$$

$$=0=0\cdot(\boldsymbol{a},\ \boldsymbol{b})$$

$$(1\cdot\boldsymbol{a},\ \boldsymbol{b})=(\boldsymbol{a},\ \boldsymbol{b})=1\cdot(\boldsymbol{a},\ \boldsymbol{b})$$

したがって，すべての自然数について成り立つことの証明は数学的帰納法によればよい．

$k=n$ のとき成り立つと仮定すると，P_2 を用いて

$$((n+1)\boldsymbol{a},\ \boldsymbol{b})=(n\boldsymbol{a}+\boldsymbol{a},\ \boldsymbol{b})=(n\boldsymbol{a},\ \boldsymbol{b})+(\boldsymbol{a},\ \boldsymbol{b})$$

$$=n(\boldsymbol{a},\ \boldsymbol{b})+(\boldsymbol{a},\ \boldsymbol{b})=(n+1)(\boldsymbol{a},\ \boldsymbol{b})$$

となって，$k=n+1$ のときも成り立つ．

k が負の整数のとき

はじめに

$$(-\boldsymbol{a},\ \boldsymbol{b})=-(\boldsymbol{a},\ \boldsymbol{b})$$

を証明しよう．証明のすんだ P_1 と P_2 によって

$$(-\boldsymbol{a},\ \boldsymbol{b})+(\boldsymbol{a},\ \boldsymbol{b})=(\boldsymbol{b},\ -\boldsymbol{a})+(\boldsymbol{b},\ \boldsymbol{a})$$

$$=(\boldsymbol{b},\ -\boldsymbol{a}+\boldsymbol{a})=(\boldsymbol{b},\ \boldsymbol{0}).$$

$$=0$$

$$\therefore\quad(-\boldsymbol{a},\ \boldsymbol{b})=-(\boldsymbol{a},\ \boldsymbol{b})$$

$k=-n$ （n は自然数）のとき

$$(-n\boldsymbol{a},\ \boldsymbol{b})=-(n\boldsymbol{a},\ \boldsymbol{b})=-n(\boldsymbol{a},\ \boldsymbol{b})$$

これで，k がどんな整数であっても成り立つことが示された．

k が分数のとき

$k=\dfrac{n}{m}$ $(m,\ n$ は整数で，$m\neq 0)$ のとき成り立つことを示せばよい．

$$n(\boldsymbol{a},\ \boldsymbol{b})=(n\boldsymbol{a},\ \boldsymbol{b})=(mk\boldsymbol{a},\ \boldsymbol{b})=m(k\boldsymbol{a},\ \boldsymbol{b})$$

$$\therefore\quad(k\boldsymbol{a},\ \boldsymbol{b})=\frac{n}{m}(\boldsymbol{a},\ \boldsymbol{b})$$

$$\therefore\quad\left(\frac{n}{m}\boldsymbol{a},\ \boldsymbol{b}\right)=\frac{n}{m}(\boldsymbol{a},\ \boldsymbol{b})$$

以上によって，k がどんな有理数であっても成り立つことが示された．

k が無理数のとき

α を無理数として $(\alpha\boldsymbol{a}, \boldsymbol{b})$ と $\alpha(\boldsymbol{a}, \boldsymbol{b})$ とは等しいことを証明すればよい．一般に無理数は収束する有理数列の極限として定義されるから，有理数列

$$k_1, k_2, \cdots, k_n, \cdots$$

の極限が α であるとしよう．もし

$$(k_n\boldsymbol{a}, \boldsymbol{b}) \to (\alpha\boldsymbol{a}, \boldsymbol{b}) \qquad ①$$

$$(k_n\boldsymbol{a}, \boldsymbol{b}) \to \alpha(\boldsymbol{a}, \boldsymbol{b}) \qquad ②$$

が示されれば目的は果される．k_n は有理数で，$(\boldsymbol{a}, \boldsymbol{b})$ は実数だから

$$(k_n\boldsymbol{a}, \boldsymbol{b}) = k_n(\boldsymbol{a}, \boldsymbol{b}) \to \alpha(\boldsymbol{a}, \boldsymbol{b})$$

となって②は明らか．

さて①であるが，内積の定義によると

$$(k_n\boldsymbol{a}, \boldsymbol{b}) = \frac{|k_n\boldsymbol{a}+\boldsymbol{b}|^2 - |k_n\boldsymbol{a}|^2 - |\boldsymbol{b}|^2}{2}$$

$$(\alpha\boldsymbol{a}, \boldsymbol{b}) = \frac{|\alpha\boldsymbol{a}+\boldsymbol{b}|^2 - |\alpha\boldsymbol{a}|^2 - |\boldsymbol{b}|^2}{2}$$

この式をみると，①を示すには

$$|k_n\boldsymbol{a}+\boldsymbol{b}| \to |\alpha\boldsymbol{a}+\boldsymbol{b}|, \quad |k_n\boldsymbol{a}| \to |\alpha\boldsymbol{a}|$$

を示せばよいことが分る．しかし後者は前者で $\boldsymbol{b}=\boldsymbol{0}$ とおいた特殊な場合に過ぎないから，前者を示したので十分である．

$f(x) = |x\boldsymbol{a}+\boldsymbol{b}|$ とおくと

$$\begin{aligned} |f(k_n) - f(\alpha)| &= ||k_n\boldsymbol{a}+\boldsymbol{b}| - |\alpha\boldsymbol{a}+\boldsymbol{b}|| \\ &\leqq |k_n\boldsymbol{a}+\boldsymbol{b}-\alpha\boldsymbol{a}-\boldsymbol{b}| = |k_n-\alpha|\cdot|\boldsymbol{a}| \end{aligned}$$

$n \to \infty$ のとき $|k_n-\alpha|\cdot|\boldsymbol{a}| \to 0\cdot|\boldsymbol{a}| = 0$ であるから，このとき

$$|f(k_n)-f(a)| \to 0$$

$$\therefore \quad f(k_n) \to f(a)$$

これで①も示され，目的が達せられた．

14
ベクトルの中の循環論法

高校のQ先生が来訪，テキストの中の空間図形に関する証明が話題になった．

「高校のベクトル …… 体系がすっきりしませんね」

「どこです．すっきりしないのは？」

「例題として，直線と平面の垂直を証明してあるが，その前で，その定理を使っているらしいのです」

「直線と平面の垂直といえば …… 直線が平面上の2直線に垂直ならば，すべての直線に垂直である，という定理でしょう．もちろん2直線は交わるもの ……」

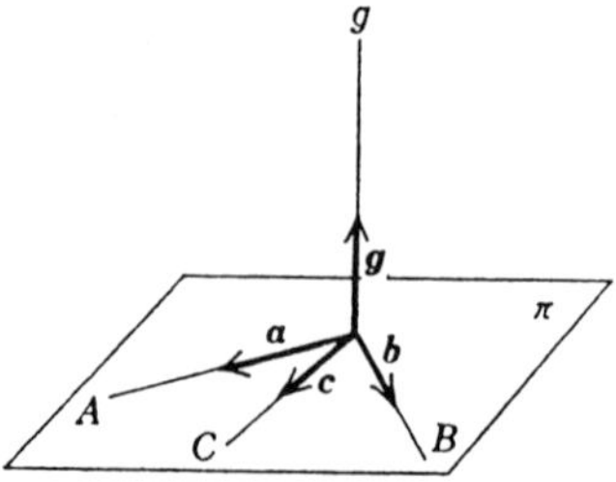

「その一歩手前の定理」といいながらQ先生は図をかいた．直線gが平面πと点Oで交わり，gがπ上2直線OA, OBに垂直ならばOを

通り π 上にある任意の直線OC に g は垂直である．この定理を便宜上“垂直の定理”と呼ぶことにした．

「この定理を内積を用い証明してある．これをごらん」

テキストの証明は，よく見かける次のようなものである．

図のような4つのベクトルを考えると，$\boldsymbol{c}$ は $\boldsymbol{a}, \boldsymbol{b}$ によって $\boldsymbol{c}=h\boldsymbol{a}+k\boldsymbol{b}$ と表される．$g\perp$OA, $g\perp$OB から $\boldsymbol{g}\boldsymbol{a}=0, \boldsymbol{g}\boldsymbol{b}=0$，よって

$$\boldsymbol{g}\boldsymbol{c}=\boldsymbol{g}(h\boldsymbol{a}+k\boldsymbol{b})=h(\boldsymbol{g}\boldsymbol{a})+k(\boldsymbol{g}\boldsymbol{b})=0$$

$$\therefore\quad g\perp \mathrm{OC}$$

「次に，ここをごらん」と彼はテキストをめくり前のほうへ送った．

「ここで，垂直定理を使っていませんか」

そこはベクトルの大きさを成分で表すところで，ピタゴラスの定理が用いられている．

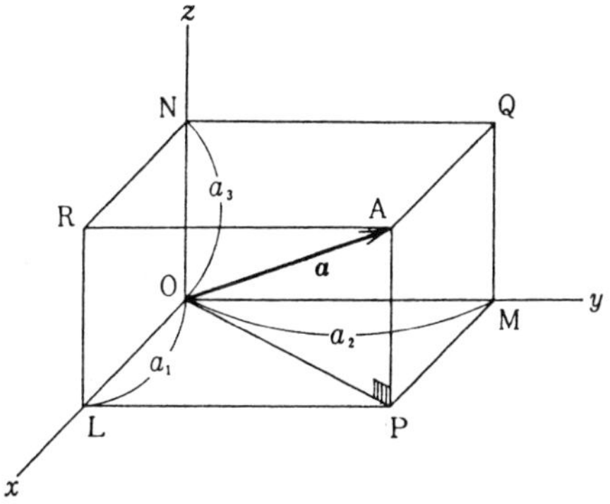

$$|\boldsymbol{a}|^2=\mathrm{OA}^2=\mathrm{OP}^2+\mathrm{PA}^2=\mathrm{OL}^2+\mathrm{LP}^2+\mathrm{PA}^2$$

$$=\mathrm{OL}^2+\mathrm{OM}^2+\mathrm{ON}^2=a_1{}^2+a_2{}^2+a_3{}^2$$

$$|\boldsymbol{a}|=\sqrt{a_1{}^2+a_2{}^2+a_3{}^2}$$

この証明では AP$\perp$OP が必要．それは AP$\perp$PL, PA$\perp$PM から導くことになる．この図を作る順序をどのようにかえてみたところで，垂直定理かその身代りの定理の使用は避けられそうにない．テキスト

の論理体系は循環論法におちいっているのではないか．読者の理解のために，論理体系を図式化しておこう．

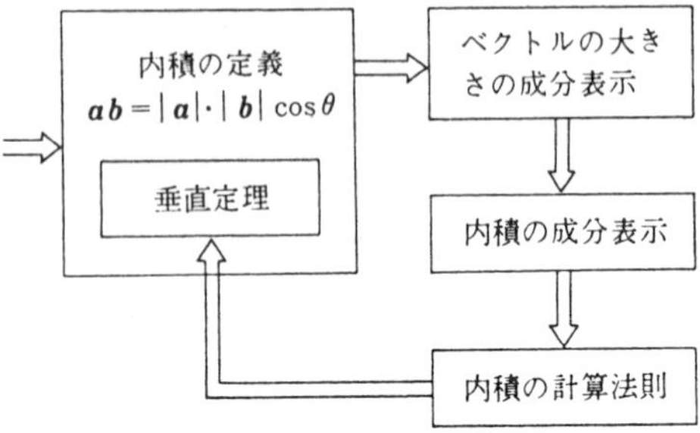

ベクトルの大きさの成分表示のためのピタゴラスの定理と，内積の成分表示のための余弦定理は，平面幾何の範囲である．内積の成分表示が済めば，その計算法則は実数の計算法則から導かれる．こう眺めてみると，直線と平面の垂直定理というのは，立体幾何の計量化のために重要なもので，それに循環論法の汚名を与えるのは耐えがたいことといえよう．

× ×

さて，矢線ベクトルの初等的学び方の範囲で，以上の循環論法を避ける道は何か，と問い直してみると，その分析は楽でなさそうである．

現在の高校のテキストの大部分は，先のテキストの体系と大差ない．内積の計算法則を導くのに内積の成分表示を，それにはベクトルの大きさの成分表示を，と推論を逆行させてゆくと，垂直定理の使用につき当たるのである．

そこで，考えられる１つの道は，内積の計算法則を内積の成分表示を用いずに導くことである．以前はテキストに，そのようなものがあった．しかし，この方法を検討してみると，分配法則

$$a(b+c)=ab+ac$$

の証明のところで，垂直定理を使う．その証明の仕方は2，3あるが，

原理に大きな差はない．

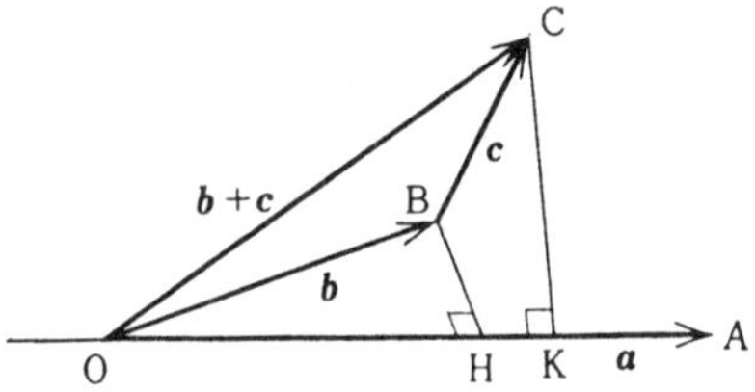

1点Oをとり，ベクトル $\boldsymbol{a}, \boldsymbol{b}, \boldsymbol{c}$ を代表する矢線を $\overrightarrow{OA}, \overrightarrow{OB}, \overrightarrow{BC}$ とする．B, C から直線 OA に下した垂線の足をそれぞれ H, K とすると，$\boldsymbol{b}, \boldsymbol{b}+\boldsymbol{c}$ のベクトル $\boldsymbol{a}$ 方向の成分がそれぞれ OH, OK であることは分るが，$\boldsymbol{c}$ の $\boldsymbol{a}$ 方向の成分が HK になることは，この図のままでは分らない．

そこで，$\overrightarrow{BC}$ に等しく $\overrightarrow{HD}$ を作り，DとKとを結んでみると，BH⊥OA と BH∥CD とから CD⊥OA，これと CK⊥OA とから，垂直定理の拡張によって DK⊥OA

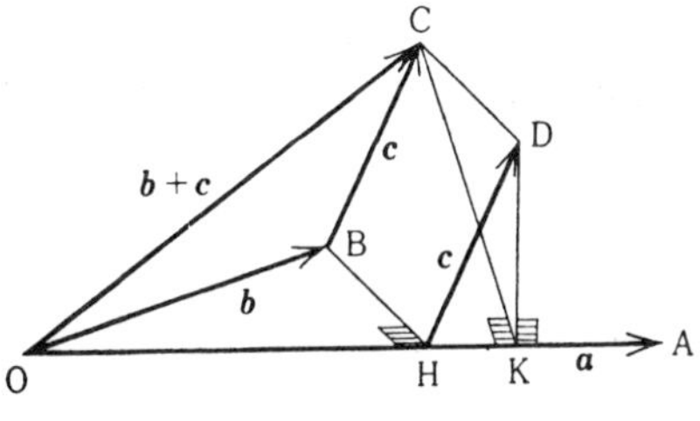

が導かれて，HK は $\boldsymbol{c}$ の $\boldsymbol{a}$ 方向の成分であることが分る．ここまでくれば，分配法則を導くのはわけない．

$$\boldsymbol{ab}+\boldsymbol{ac}=|\boldsymbol{a}|\cdot \mathrm{OH}+|\boldsymbol{a}|\cdot \mathrm{HK}$$
$$=|\boldsymbol{a}|(\mathrm{OH}+\mathrm{HK})=|\boldsymbol{a}|\cdot \mathrm{OK}=\boldsymbol{a}(\boldsymbol{b}+\boldsymbol{c})$$

このように，この証明でも垂直定理の使用は避けられない．しかし，ここで注意すべきことは，垂直定理が必要なのは，4点 O, A, B, C が一平面上にない場合，すなわち矢線 $\overrightarrow{OA}$, $\overrightarrow{OB}$ の定める平面上に矢線 $\overrightarrow{BC}$ がない場合だということである．つまり分配法則は3つのベクトル $\boldsymbol{a}, \boldsymbol{b}, \boldsymbol{c}$ が1平面上にあるときは垂直定理無しで導かれる．

結合法則 $k(\boldsymbol{ab})=(k\boldsymbol{a})\boldsymbol{b}=\boldsymbol{a}(k\boldsymbol{b})$ では，ベクトルは2つだから，その証明は平面上で済み，垂直定理は必要ない．

ここで，誰でも抱く疑問は，平面上のベクトルの内積の法則によって，1平面上にない3つのベクトル $\boldsymbol{a}, \boldsymbol{b}, \boldsymbol{c}$ についての分配法則を導くことは可能かということである．

内積の定義　$\boldsymbol{ab}=|\boldsymbol{a}|\cdot b'$
↑
$\boldsymbol{b}$ の $\boldsymbol{a}$ 方向の成分

⇓

平面上の3つのベクトルの
内積の計算法則

⇓ ?
⇓

平面上にない3つのベクトルの
内積の分配法則

×　　　　×

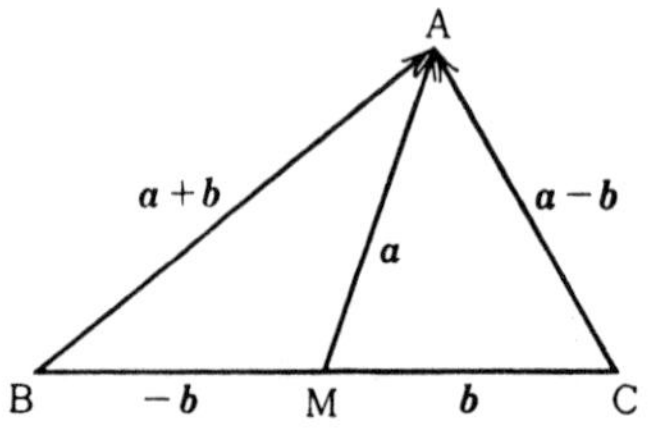

$$\mathrm{AB}^2+\mathrm{AC}^2=(\boldsymbol{a}+\boldsymbol{b})^2+(\boldsymbol{a}-\boldsymbol{b})^2$$
$$=\boldsymbol{a}^2+2\boldsymbol{ab}+\boldsymbol{b}^2+\boldsymbol{a}^2-2\boldsymbol{ab}+\boldsymbol{b}^2$$
$$=2\boldsymbol{a}^2+2\boldsymbol{b}^2=2\mathrm{MA}^2+2\mathrm{MB}^2$$

前に“中線平方定理の魔力”という記事を書いたことがあった．ここで，この定理を思い出して頂きたい．

この証明で注目すべきことは，内積の計算が1平面上のベクトルに関するものに限られること，したがって中線平方の定理は2次元的だということである．

そこで，課題は次の2つに絞られる．

(1) 中線平方定理によって垂直定理は導けるかの疑問．もし，導けるとすれば，1平面にない3つのベクトルに関する分配法則も導かれることになる．

(2) 中線平方の定理から，分配法則へ直行する道はないかの疑問，もし，あるならば，その分配法則によって，垂直定理を導くのはやさしいであろう．

× ×

第1の道の可能なことは，立体幾何の得意な方ならば，すぐ気ずくであろう．

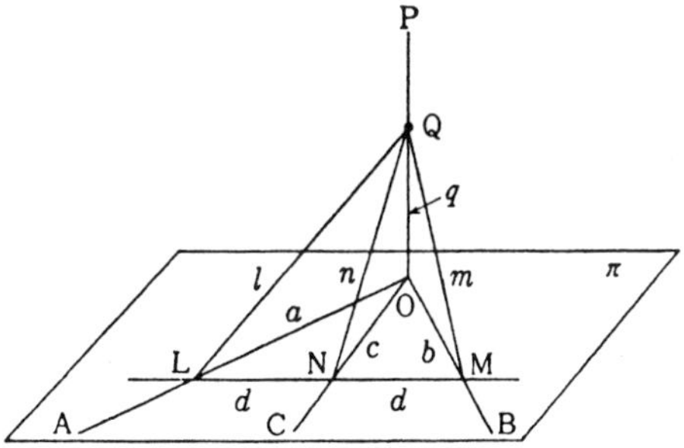

OP が π 上の2直線 OA, OB と垂直ならば OP は OCにも垂直であ

ることを証明するものとしよう.

π 上に1直線で, OA, OB, OC とそれぞれ L, M, N で交わり, しかも LN=NM となるものをひく. この作図の可能なことは, 初等幾何の作図の心得のある人なら承知のはず. OP 上に1点Qをとり, L, M, N と結び, 長さを図のように表わしてみよ. 中線平方の定理によって

$$l^2+m^2=2n^2+2d^2$$
$$a^2+b^2=2c^2+2d^2$$

2式の両辺の差をとると

$$q^2+q^2=2(n^2-c^2)$$
$$q^2=n^2-c^2$$

ピタゴラスの定理によって OP は OC に垂直である.

いま導いた垂直定理があれば, 内積の一般の場合の分配法則の導けることは, 前に明らかにした.

× ×

第2の道は中線平方の定理によって一般の場合の分配法則を直接導くことである.

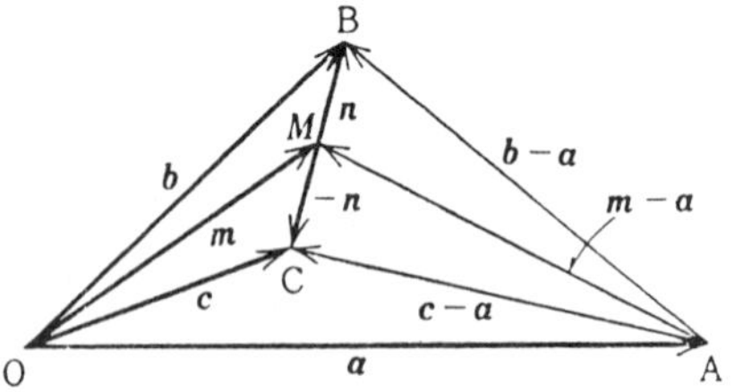

$\boldsymbol{a}, \boldsymbol{b}, \boldsymbol{c}$ を代表する矢線 $\overrightarrow{OA}, \overrightarrow{OB}, \overrightarrow{OC}$ を引き, 線分 BCの中点をMとし $\overrightarrow{OM}=\dfrac{\boldsymbol{b}+\boldsymbol{c}}{2}=\boldsymbol{m}$, $\overrightarrow{MB}=\dfrac{\boldsymbol{b}-\boldsymbol{c}}{2}=\boldsymbol{n}$ とおくと

$$\overrightarrow{AB}=\boldsymbol{b}-\boldsymbol{a},\quad \overrightarrow{AC}=\boldsymbol{c}-\boldsymbol{a},\quad \overrightarrow{AM}=\boldsymbol{m}-\boldsymbol{a}$$

この図が垂直定理の証明の図に似ていることに注目しよう．中線平方の定理によって
$$b^2+c^2=2m^2+2n^2 \qquad ①$$
$$(b-a)^2+(c-a)^2=2(m-a)^2+2n^2$$
第2式の両辺を平面上のベクトルの内積の法則だけでかきかえて
$$b^2+c^2-2ab-2ac=2m^2+2n^2-4am \qquad ②$$
①−②
$$2ab+2ac=4am$$
$$a(b+c)=ab+ac$$

これで，内積の計算法則は，共面の場合のものがあれば，共面でない場合のものが導かれることが分ったわけである．もちろん，次元公理など，側面的に影響する公理を前提としての話であるが．

×　　　　　×

いままでに分ったことを要約してみる．

```
┌─────────────────────────────┐
│   内積の定義   ab=|a|・b'   │
└─────────────────────────────┘
              ⇓
┌─────────────────────────────┐
│   共面のときの内積の計算法則   │
└─────────────────────────────┘
              ⇓
┌──────────────┐ (1) ┌──────────┐
│ 中線平方の定理 │  ⇒  │ 垂 直 定 理 │
└──────────────┘     └──────────┘
        ⇓(2)              ⇓↑
┌─────────────────────────────┐
│  共面でないときの内積の分配法則  │
└─────────────────────────────┘
              ⇓
      ┌──────────────┐
      │  内積の成分表示  │
      └──────────────┘
```

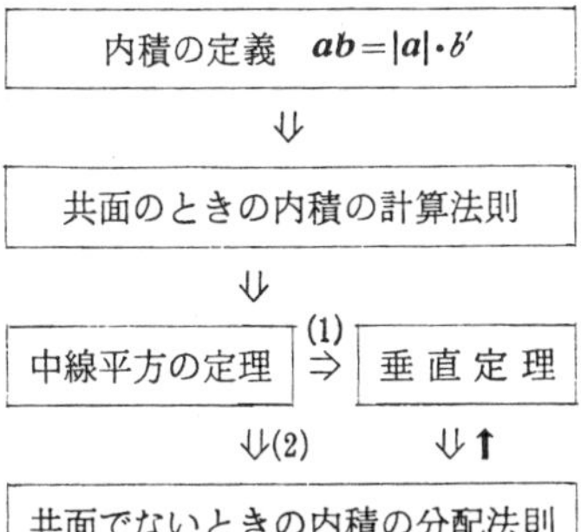

直線と平面の垂直定理が共面でない3ベクトルの内積の分配法則と深く結びついていることは興味深い．

はじめに取挙げたテキストの垂直定理の証明は，(2)の推論コース

を選んだときでないと意味がない．これで，テキストの循環論法の真相が，かなり，はっきりしたことと思う．

「このテキストを責めるのはむごいです．根はもっと深いところにあると思うね」

「その根とは？」

「現在の高校数学の幾何軽視です」

「なるほど，そういえば，学生は幾何に弱い．とくに立体幾何に ……」

「学生だけではなさそう．若い先生方も …… そういう教育を受けて来たのですから」

「問題ですね．これは ……」

「テキストは，おそらく，その弱点をベクトルで補おうとしたのですよ」

「弱点を補う気持は分るが，見えすいた循環論法を犯してはね」

「この頃は，それを気にしない人が多くなった．そう思いませんか」

「テキストが，あおったのでは悪循環です」

「責任の一端は学習指導要領にあると思うね．あれもこれもやろうとするから体系的に指導する余裕がない．それに教材の学年別分散主義が輪をかける」

「内容を精選し，領域ごとに，もう少し論理体系を踏んで指導したいものです」

「ユークリッド幾何を葬れ，といった勇しい声はあったが，その代案は遂に現れなかったのではないか」

「いや，試案の労作はあるのだが，現場の指導に迎えられるものは完成していない」

「現状との距離が大きすぎるのではないか」

「そんな感じです．実践と結びつく試案の作成は至難のわざですからね」

15
不動直線と不動平面

この一文は読者からの質問にはじまる．いたずら盛りの孫に，封筒と中味をバラバラにされてしまい，返事のしようがなくなったとは誠に申訳ない．それに，この返事は簡単に済みそうもない．誌上をかりて …… ということになった．

「突然，御無礼な手紙を出すことをお許し下さい．

私は数学に興味を持っている高校二年生です．今，私は固有値問題に興味を持っており，先生の著書の“行列と行列式で楽しむ”や，“2次行列のすべて”のわかるところを読んだり，学校の授業で出された興味ある問題にとりくんだりしています．

ところで，その授業では R^2 における1次変換による不動直線のことに触れました．私はこのとき“これはおもしろい”と思い，不動直線を求めてから“それでは R^3 では？”と思って，**同じ方法**でやろうとしました．しかし，次元が1つ上がっただけで比べものにならないほど難しくなり，一向に進みません．そこで大学程度の教科書を数冊調べてみましたが，不動直線，不動平面が出ているものは見当りませんでした．

自分でも，この問題が重要である，と思うのですが，本に出ていないところをみると，数学の中では重要でないのかなあ，とすこしがっかりしました．

また学校の数学担当の先生に相談に行くと（その先生は高校数学をすこしはみ出しても，数学のおもしろさを見せて下さる立派な先生です）本を紹介して下さいましたが，調べてみると，出ていない**よう**です．もし先生が御存じでしたらお教え願います．

ところで私が R^2 の不動直線を求めたのは次の方法です．

直線 $ax+by+c=0$ が不動直線であるとし，これを行列

$$A=\begin{pmatrix} p & r \\ q & s \end{pmatrix}$$

の表す1次変換で写すと

$$\begin{vmatrix} a & b \\ q & s \end{vmatrix} x+\begin{vmatrix} p & r \\ a & b \end{vmatrix} y+c\det A=0$$

となるから，$c\neq 0$ のときは2直線の一致条件より，$c=0$ のときは固有値問題として解きました．この方法によると $c\neq 0$ のとき固有値は1と $\det A$ が出ること，固有値 $\det A$ に対する固有ベクトルに平行な直線はすべて不動直線であることが証明できました．（ただし $\det A\neq 0$ と仮定して）

同じ方法で，平面 $px+qy+rz+s=0$ を行列

$$B=\begin{pmatrix} a_1 & b_1 & c_1 \\ a_2 & b_2 & c_2 \\ a_3 & b_3 & c_3 \end{pmatrix}$$

で表される1次変換で写すと

$$\begin{vmatrix} p & q & r \\ a_2 & b_2 & c_2 \\ a_3 & b_3 & c_3 \end{vmatrix} x + \begin{vmatrix} a_1 & b_1 & c_1 \\ p & q & r \\ a_3 & b_3 & c_3 \end{vmatrix} y + \begin{vmatrix} a_1 & b_1 & c_1 \\ a_2 & b_2 & c_2 \\ p & q & r \end{vmatrix} z + s \det B = 0$$

となるから，$s \neq 0$ のときは2平面の一致条件で，$s=0$ のときは …… と考えたのですが，難しすぎます．

また，原点を通らない不動直線を求めようとすると，別の困難に出会いました．

私の意見では，“固有値問題は n 次元での原点を通る不動直線を求めることは解決できるが，原点を通らないものについては無力である” となります．

また原点を通る不動平面を求めるために，原点を通る不動直線を求めるときに使った固有値，固有ベクトルに対応する概念がありますか？　もしあるのならお教え下さるとうれしいです．

（以下，主として私の著書に関することで，質問とは直接の関係がないから省く）

「一高校生より」

× ×

これでも高校生かといいたいような文の質問の多いなかで，これは，誠にしっかりした文体である．直接返事を出すすべを失ったとは残念である．

この学生の数学の学び方が，まさしく，私の考えている “手作りの数学” にピッタリである．“手作りの数学” は数学の学び方に関することで，高度な数学的成果を期待するのではない．数学に限らず，すべての学問は，それへの知的情念が無くては，研究は続かない．その情念への契機として，質問のＴ君にみられるような数学との付き合いをたいせつにしようというのである．

× ×

Ｔ君は２次元では成功したが３次元では行詰った．高校の２年生としては，２次元での成功でも賞賛に価しよう．３次元の場合も，不動平面は，もう１歩というところまで達しているのに，最後の壁を破れなかったのは，行列やベクトルを成分表示に頼ったためであろう．この方法は，行列が２次なら成分は４つで，まあ，どうにかなる．しかし行列が３次になると成分は９つで急に煩雑になる．まして４次以上ともなれば，どうにもならない．

この困難を切り抜ける道は，行列自身を A, B, C などの大文字で表わし，これらの間に成り立つ法則を探ることである．これが文字のもつ結集力の活用と称するものである．線型代数に限らず，数学はこの優れた方法によって成長して来た．人間の認識そのものが，同様の仕組によって，高度の抽象性に挑戦しつつあるといえよう．

質問に答えるには，どの程度の行列の知識が必要か？これを最初に示すよりは，解決過程で，必要に応じ，小出しに示すのがよさそうである．

× ×

２次元の直線は見方によっては平面の退化型でもある．２次元の直線の式には２つのタイプがあった．

内積型　　$ax+by=k$

パラメータ型　$\begin{cases} x=lx+x_1 \\ y=my+y_1 \end{cases}$

これらを３次元へ拡張してみると，内積型は

$$ax+by+c=k$$

となって平面であり，パラメータ型は

$$\begin{cases} x=lx+x_1 \\ y=my+y_1 \\ z=ny+z_1 \end{cases}$$

となって直線である．

これを逆にみると，3次元の平面と直線とは2次元では直線に退化する．

こういうわけだから，2次元の不動直線の求め方は，どの型の式を用いるかによって，3次元へ拡張したときに不動平面の理論になるか，不動直線の理論になるかが定まるわけである．

× ×

3次元における不動平面

2次元の直線を内積型で表しておき，それが1次変換で不動である条件を求めれば，その条件は，殆んど修正せずに，3次元の不動平面の場合になるだろうことが予想されよう．

T君の試みたことを，行列は A, B など，ベクトルは $\boldsymbol{a}, \boldsymbol{x}$ などによってかきかえてみる．

直線の式 $ax+by=k$ は

$$(a\ \ b)\begin{pmatrix} x \\ y \end{pmatrix}=k \quad (k \neq 0)$$

とかきかえ，さらに $\begin{pmatrix} x \\ y \end{pmatrix}=\boldsymbol{x}$, $\begin{pmatrix} a \\ b \end{pmatrix}=\boldsymbol{h}$ とおくと，$(a\ \ b)={}^t\boldsymbol{h}$ となるから，上式は

$$ {}^t\boldsymbol{h}\boldsymbol{x}=k \quad (k \neq 0) \qquad ①$$

となって簡単である．

1次変換もこれにならい

$$\begin{pmatrix} x' \\ y' \end{pmatrix}=\begin{pmatrix} a_1 & b_1 \\ a_2 & b_2 \end{pmatrix}\begin{pmatrix} x \\ y \end{pmatrix}$$

は，簡単に

$$\boldsymbol{x}' = A\boldsymbol{x} \quad (\det A \neq 0) \qquad ②$$

と表わしておく．

①に変換②を行った式を求めるには，2式から $\boldsymbol{x}$ を消去すればよい．②を $\boldsymbol{x}$ について解いて $\boldsymbol{x} = A^{-1}\boldsymbol{x}'$，これを①に代入して

$$^t\boldsymbol{h}A^{-1}\boldsymbol{x}' = k \quad (k \neq 0) \qquad ③$$

①が不動直線であるためには，③と一致すればよい．その条件は $\boldsymbol{x}$ と $\boldsymbol{x}'$ の係数が一致することであるから

$$^t\boldsymbol{h} = {}^t\boldsymbol{h}A^{-1}$$

$$\therefore \quad {}^t\boldsymbol{h}A = {}^t\boldsymbol{h}$$

両辺に転置を行って

$$^tA\boldsymbol{h} = \boldsymbol{h}$$

$$({}^tA - E)\boldsymbol{h} = \boldsymbol{0} \qquad ③$$

$\boldsymbol{h}$ は法線ベクトルであるから $\boldsymbol{0}$ に等しくない．したがって，上の式が成り立つための条件は

$$|{}^tA - E| = 0$$

ここで｜｜は行列式を表わす．行列式の値は転置によって変らないから

$$|{}^t({}^tA - E)| = |{}^{tt}A - {}^tE| = |A - E|$$

$$\therefore \quad |A - E| = 0$$

この式は，行列 A が1を固有値に持つことを表している．

A は2次だから A の固有方程式は

$$|A - \lambda E| = \begin{vmatrix} a_1 - \lambda & b_1 \\ a_2 & b_2 - \lambda \end{vmatrix}$$

$$= (a_1 - \lambda)(b_2 - \lambda) - a_2 b_1$$

$$= \lambda^2 - (a_1 + b_2)\lambda + |A| = 0$$

この1根が1ならば，他の1根は $|A|$ となってT君の結果が出る．

A と ${}^tA$ の固有値は一致するから，1がAの固有値ならば ${}^tA$ の固有値でもある．不動直線の法線ベクトル $\boldsymbol{h}$ は，③から分るように，${}^tA$ の固有値1に対する固有ベクトルである．この$\boldsymbol{h}$を法線ベクトルとするすべての直線

$${}^t\boldsymbol{h}\boldsymbol{x}=k \quad (k \text{ は0でない実数})$$

が原点を通らない不動直線である．

× ×

例1 ――平面上の不動直線

行列 $A=\begin{pmatrix}3&4\\1&3\end{pmatrix}$ の表す1次変換における不動直線（原点を通らない）の方程式を求めよ．

（解） 固有方程式は $(3-\lambda)^2-4=0$ で，固有値は $1,5$ である．

行列 ${}^tA$ の固有値1に対する固有ベクトルは

$$({}^tA-E)\boldsymbol{h}=\begin{pmatrix}2&1\\4&2\end{pmatrix}\begin{pmatrix}a\\b\end{pmatrix}=\begin{pmatrix}0\\0\end{pmatrix}$$

をみたす $\boldsymbol{h}$ である．$\boldsymbol{h}$ の1つは $\begin{pmatrix}1\\-2\end{pmatrix}$，よって求める不動直線は

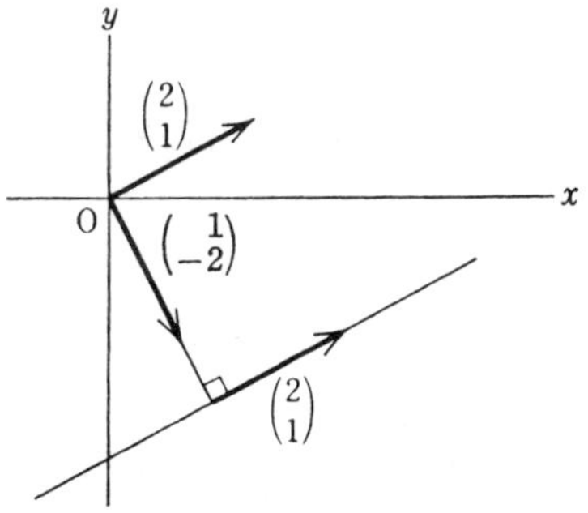

$$(1\ \ -2)\begin{pmatrix} x \\ y \end{pmatrix}=k$$

$$x-2y=k \quad (k\neq 0)$$

である．

参考のため，A の固有値 $|A|=5$ に対する固有ベクトルの1つを求めてみると $\begin{pmatrix} 2 \\ 1 \end{pmatrix}$ であって，これは不動直線の方向ベクトルである．

例 2——平面上の不動直線

行列 $A=\begin{pmatrix} \cos\theta & \sin\theta \\ \sin\theta & -\cos\theta \end{pmatrix}$ の表す1次変換の不動直線を求めよ．

（解）　Aの固有方程式は $(\lambda^2-\cos^2\theta)-\sin^2\theta=0$，これを解いて固有値は1, −1である．

${}^tA$ の固有値1に対する固有ベクトルは

$$({}^tA-E)\boldsymbol{h}=\begin{pmatrix} \cos\theta-1 & \sin\theta \\ \sin\theta & -\cos\theta-1 \end{pmatrix}\begin{pmatrix} a \\ b \end{pmatrix}=\begin{pmatrix} 0 \\ 0 \end{pmatrix}$$

をみたす $\boldsymbol{h}$ である．

$$\begin{pmatrix} \sin\theta \\ 1-\cos\theta \end{pmatrix}=2\sin\frac{\theta}{2}\begin{pmatrix} \cos\frac{\theta}{2} \\ \sin\frac{\theta}{2} \end{pmatrix}$$

$\boldsymbol{h}$ として $\begin{pmatrix} \cos\frac{\theta}{2} \\ \sin\frac{\theta}{2} \end{pmatrix}$ をとり，原点を通らない不動直線は

$$x\cos\frac{\theta}{2}+y\sin\frac{\theta}{2}=k \quad (k\neq 0)$$

上の1次変換は，方向角が $\frac{\theta}{2}$ で原点を通る直線に関する対称移動であることからみて，当然の結果である．

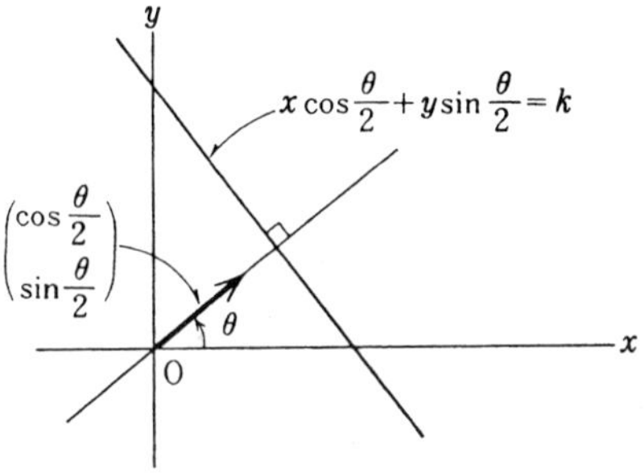

× ×

ここまでくれば先が見えたであろう．以上で試みたことを，2次元から3次元へと拡張すれば，ほとんど修正なしで，空間において不動平面があるための条件になる．

平面の式の内積型は

$$px+qy+rz=k$$

ここで $\begin{pmatrix}x\\y\\z\end{pmatrix}=\boldsymbol{x}$, $\begin{pmatrix}p\\q\\r\end{pmatrix}=\boldsymbol{h}$ とおくと

$$^t\boldsymbol{h}\boldsymbol{x}=k$$

となって，式の形は2次元の直線の場合と全く同じ．

1次変換も，これにならい

$$\begin{pmatrix}x'\\y'\\z'\end{pmatrix}=\begin{pmatrix}a_1 & b_1 & c_1\\a_2 & b_2 & c_2\\a_3 & b_3 & c_3\end{pmatrix}\begin{pmatrix}x\\y\\z\end{pmatrix}$$

を簡単に

$$\boldsymbol{x}'=A\boldsymbol{x} \quad (\det A \neq 0)$$

と表わせば，平面上の場合と式は同じ．

したがって，これ以後の推論にも2次元の場合と変りはなく，次の

結論が得られる.

1次変換 $\boldsymbol{x}'=A\boldsymbol{x}$ $(\det A \neq 0)$ に不動平面があるための条件は，A が1を固有値に持つことである.

このとき ${}^tA$ も1を固有値に持つから，これに対する ${}^tA$ の固有ベクトル，すなわち

$$({}^tA-E)\boldsymbol{h}=\boldsymbol{0}$$

をみたすベクトルの1つを $\boldsymbol{h}$ とすると，原点を通らない不動平面の式は

$${}^t\boldsymbol{h}\boldsymbol{x}=k \quad (k \neq 0)$$

によって与えられる.

具体例を挙げてみる.

例3——空間における不動平面

1次変換 $\boldsymbol{x}'=A\boldsymbol{x}$

$$A=\begin{pmatrix} 0 & -5 & -1 \\ 2 & 5 & 0 \\ -4 & -8 & 1 \end{pmatrix}$$

の不動平面を求めよ.

(解) Aの固有方程式は

$$\begin{vmatrix} 0-\lambda & -5 & -1 \\ 2 & 5-\lambda & 0 \\ -4 & -8 & 1-\lambda \end{vmatrix}=0$$

展開し，因数分解すれば

$$(\lambda-1)(\lambda-2)(\lambda-3)=0$$

固有値に1があるから原点を通らない不動平面がある.

$$({}^tA-E)\boldsymbol{h}=\begin{pmatrix}-1&2&-4\\-5&4&-8\\-1&0&0\end{pmatrix}\begin{pmatrix}a\\b\\c\end{pmatrix}=\begin{pmatrix}0\\0\\0\end{pmatrix}$$

$$\begin{cases}-a+2b-4c=0\\-a\qquad\qquad\ =0\end{cases}$$

この2つを解いたのでよい．

$$a=0,\quad b=2c$$

$${}^t\boldsymbol{h}=(0\ 2\ 1)$$

求める不動平面 ${}^t\boldsymbol{h}\boldsymbol{x}=k$ は

$$2y+z=k\quad(k\neq0)$$

×　　　　　　×

空間の不動直線

直線の式としてパラメータ表示を用いれば次元に関係なく処理できる．それで原点を通らない不動直線の存在条件は，平面と空間を一括して取扱うことにする．

準備として，2つの直線

$$\boldsymbol{x}=\boldsymbol{a}t+\boldsymbol{x}_1,\quad \boldsymbol{x}'=\boldsymbol{a}'t'+\boldsymbol{x}_1'$$

が一致するための条件をあきらかにしなければならない．

2直線が一致するためには，まず方向ベクトルが平行，すなわち一次従属でなければならない．$\boldsymbol{a}',\boldsymbol{a}$ はともに零ベクトルではないから1次従属の条件は

$$\boldsymbol{a}'=h\boldsymbol{a}\quad(h\neq0)$$

をみたす実数 h が存在することである．

さらに点 $\boldsymbol{x}_1'$ が第1の直線上にあればよい．その条件は

$$\boldsymbol{x}_1'-\boldsymbol{x}_1=k\boldsymbol{a}$$

をみたす実数 k があること．

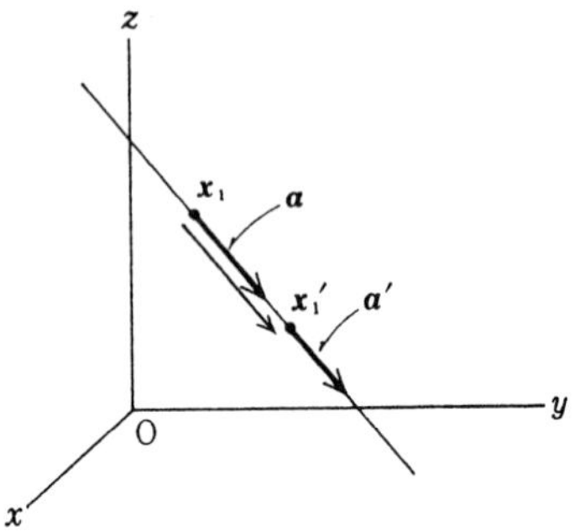

さて，1次変換

$$\boldsymbol{x}'=A\boldsymbol{x}$$

に原点を通らない不動直線

$$\boldsymbol{x}=\boldsymbol{a}t+\boldsymbol{x}_1 \quad (\boldsymbol{x}_1 \text{ は } \boldsymbol{a} \text{ と1次独立})$$

があったとすると，①に変換を行った直線

$$\boldsymbol{x}'=A\boldsymbol{a}t+A\boldsymbol{x}_1$$

は，もとの直線に一致する．その条件は

$$A\boldsymbol{a}=h\boldsymbol{a} \quad (h\neq 0) \qquad ①$$

$$A\boldsymbol{x}_1-\boldsymbol{x}_1=k\boldsymbol{a} \qquad ②$$

をみたす実数 h, k が存在することである．

もし，このような h, k が存在すれば，①をみたす $\boldsymbol{a}$ を求め，その $\boldsymbol{a}$ に対応して②をみたす $\boldsymbol{x}_1$ を求める．これらの $\boldsymbol{x}_1$ と $\boldsymbol{a}$ が1次独立ならば，直線 $\boldsymbol{x}=\boldsymbol{a}t+\boldsymbol{x}_1$ は求める不動直線である．

①はかきかえると

$$(A-hE)\boldsymbol{a}=\boldsymbol{0} \qquad (*)$$

$\boldsymbol{a}$ は零ベクトルでないから，この式が成り立つための必要十分条件は，よく知られた定理によって $A-hE$ は正則でない，すなわち

$$|A-hE|=0 \quad (h \neq 0)$$

この式は h が行列 A の 0 と異なる固有ベクトルであることを示す．さらに (*) から，方向ベクトル $\boldsymbol{a}$ は，固有値 h に対する固有ベクトルであることがわかる．

次に ② を検討しよう．かきかえると

$$(A-E)\boldsymbol{x}_1=k\boldsymbol{a} \tag{**}$$

この内容を読みとるのは楽でなかろう．

もし $A-E$ が正則であったとすると $\boldsymbol{x}_1$ について解くと

$$\boldsymbol{x}_1=k(A-E)^{-1}\boldsymbol{a}$$

となる．k に対応して $\boldsymbol{x}_1$ が一つずつ定まるが，これらはすべて1次従属である．このことは不動直線 $\boldsymbol{x}=\boldsymbol{a}t+\boldsymbol{x}_1$ が原点を通らないことに矛盾する．なぜかというに，この不動直線 g の式の $\boldsymbol{x}_1$ は g 上のどこに

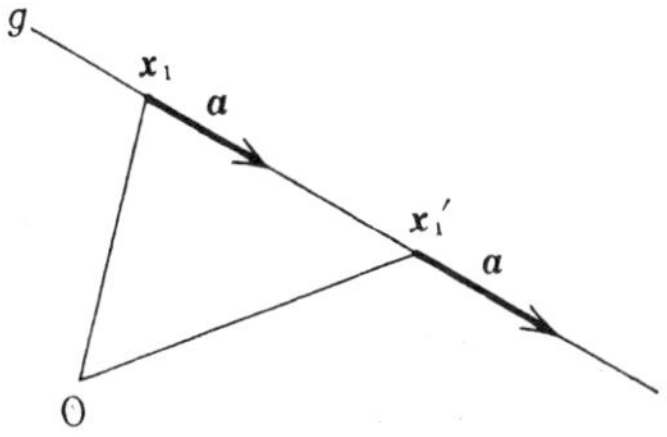

とってもよいから，その2つを $\boldsymbol{x}_1, \boldsymbol{x}_1'$ としてみると $\boldsymbol{x}_1$ と $\boldsymbol{x}_1'$ は1次独立，したがって (**) をみたす $\boldsymbol{x}_1$ には1次独立なものがなければならないからである．

$A-E$ は正則でないことから

$$|A-E|=0$$

すなわち行列 A は1を固有値に持たなければならない．1を固有値に

持てば，その固有ベクトルは変換で不変であるから不動点をもつ．その不動点の集合が原点を通る1つの直線か，平面か，それとも空間全体になるかは，行列 $A-E$ のランクによって定まることである．

不動直線が原点を通らないためには，$\boldsymbol{x}_1$ と $\boldsymbol{a}$ とは1次独立でなければならない．この条件は $\boldsymbol{a}, \boldsymbol{x}_1$ を求めた上で確めなくとも“異なる固有値に対応する固有ベクトルは1次独立である”という定理によって簡単に見分けられる．

$h \neq 1$ のとき

固有値 h と1に対応する固有ベクトルは1次独立である．したがって，このときは (**) をみたす $\boldsymbol{x}_1$ として，$k=0$ の場合，すなわち

$$(A-E)\boldsymbol{x}_1=\boldsymbol{0}$$

をみたすものを選んだのでよい．つまり，g の式の $\boldsymbol{x}_1$ を不動点にとることが可能である．

$h=1$ のとき

このときは，上の便法は役に立たず，状況は複雑になる．というのは，$A-E$ のランク，したがって，固有値1に対する固有空間の次元がものをいうからである．

固有値 α に対する固有ベクトルの集合は部分空間を作る．その部分空間を $V(\alpha)$ で表しておこう．

$\dim V(1)=2$ のとき $(\mathrm{rank}(A-E)=1)$

このときは固有空間 $V(1)$ は原点を通る平面で，その上のすべての点は不動であるから，その平面上のすべての直線も不動である．その不動直線は $V(1)$ から任意に選んだ $\boldsymbol{a}, \boldsymbol{x}_1$ によって $\boldsymbol{x}=\boldsymbol{a}t+\boldsymbol{x}_1$ と表される．

$\dim V(1)=1$ のとき $(\mathrm{rank}(A-E)=2)$

このときは，1に対する固有ベクトルの1つ $\boldsymbol{a}$ を求め，これに対して

$$(A-E)\boldsymbol{x}_1=k\boldsymbol{a} \quad (k\neq 0)$$

をみたす $\boldsymbol{x}_1$ を求めればよい．

× ×

かなりやっかいな話になってしまった．総括は最後に回し，実例によって理解を深めよう．

例 4 ——平面における不動直線

前に取り挙げた例1を，パラメータの式でやり直してみる．

$$\boldsymbol{x}'=A\boldsymbol{x} \qquad A=\begin{pmatrix}3 & 4\\ 1 & 3\end{pmatrix}$$

（解） この固有値は5と1で，固有ベクトルの1つはそれぞれ $\begin{pmatrix}2\\1\end{pmatrix}$，$\begin{pmatrix}2\\-1\end{pmatrix}$ であるから，原点を通らない不動直線群は

$$\begin{pmatrix}x\\y\end{pmatrix}=\begin{pmatrix}2\\1\end{pmatrix}t+\begin{pmatrix}2\\-1\end{pmatrix}p \quad (p\neq 0)$$

である．

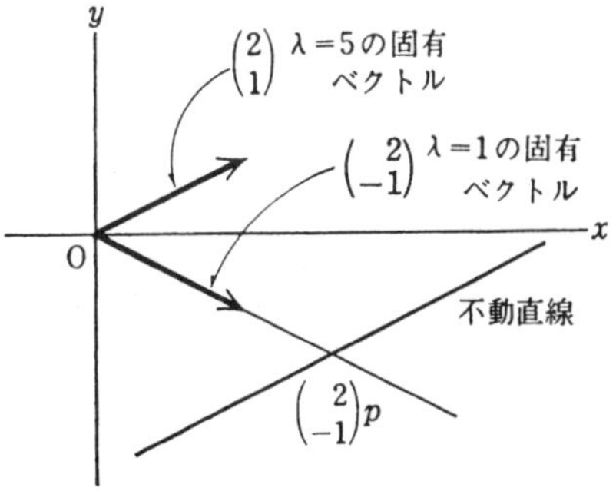

例 5 ——平面上の不動直線

1次変換

$$\boldsymbol{x}' = A\boldsymbol{x} \qquad A = \begin{pmatrix} 3 & -2 \\ 2 & -1 \end{pmatrix}$$

の原点を通らない不動直線を求めよ.

（解） 固有方程式

$$|A-\lambda E| = \begin{vmatrix} 3-\lambda & -2 \\ 2 & -1-\lambda \end{vmatrix}$$
$$= (\lambda-3)(\lambda+1)+4=0$$

を解いて，固有値は1（重根）である.

$$(A-E)\boldsymbol{a} = \begin{pmatrix} 2 & -2 \\ 2 & -2 \end{pmatrix}\begin{pmatrix} l \\ m \end{pmatrix} = \begin{pmatrix} 0 \\ 0 \end{pmatrix}$$

から，固有ベクトルの1つは $\boldsymbol{a} = \begin{pmatrix} 1 \\ 1 \end{pmatrix}$ である．そこで，この $\boldsymbol{a}$ に対し

$$(A-E)\boldsymbol{x}_1 = k\boldsymbol{a}$$

をみたすベクトル $\boldsymbol{x}_1$ を1つ求める.

$$\begin{pmatrix} 2 & -2 \\ 2 & -2 \end{pmatrix}\begin{pmatrix} x_1 \\ y_1 \end{pmatrix} = \begin{pmatrix} k \\ k \end{pmatrix}$$
$$2x_1 - 2y_1 = k$$

$x_1=0$ とおいて $y_1 = -\frac{k}{2}$, k は任意であるから $-\frac{k}{2}=p$ とおくと $\boldsymbol{x}_1$

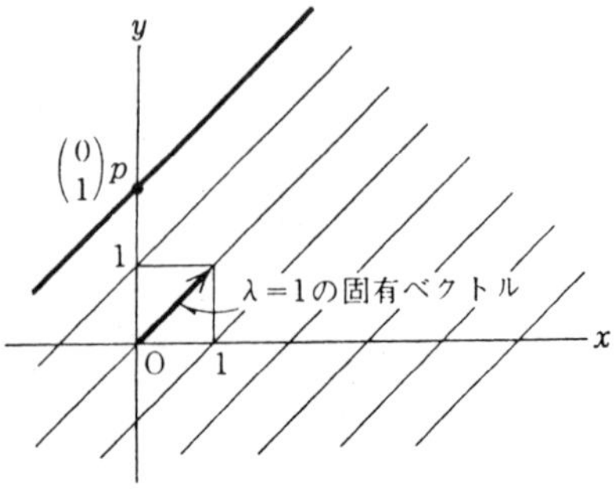

の1つは $\begin{pmatrix} 0 \\ p \end{pmatrix}$，よって求める不動直線群は

$$\begin{pmatrix} x \\ y \end{pmatrix} = \begin{pmatrix} 1 \\ 1 \end{pmatrix} t + \begin{pmatrix} 0 \\ 1 \end{pmatrix} p \quad (p \neq 0)$$

例6——空間の不動直線

次の1次変換の原点を通らない不動直線を求めよ．

$$\boldsymbol{x}' = A\boldsymbol{x} \qquad A = \begin{pmatrix} 0 & -5 & -1 \\ 2 & 5 & 0 \\ -4 & -8 & 1 \end{pmatrix}$$

(解)　固有方程式は

$$|A-\lambda E| = \begin{vmatrix} 0-\lambda & -5 & -1 \\ 2 & 5-\lambda & 0 \\ -4 & -8 & 1-\lambda \end{vmatrix} = 0$$

を解いて固有値は1, 2, 3である．

$\lambda=2$ に対する固有ベクトル

$$(A-2E)\boldsymbol{a} = \begin{pmatrix} -2 & -5 & -1 \\ 2 & 3 & 0 \\ -4 & -8 & -1 \end{pmatrix} \begin{pmatrix} l \\ m \\ n \end{pmatrix} = \begin{pmatrix} 0 \\ 0 \\ 0 \end{pmatrix}$$

$$\begin{cases} 2l+5m+n=0 \\ 2l+3m \qquad =0 \end{cases}$$

これを解いて $l=3k$, $m=-2k$, $n=4k$, よって固有ベクトルの1つは

$$\begin{pmatrix} 3 \\ -2 \\ 4 \end{pmatrix}$$

同様にして $\lambda=3, 1$ に対する固有ベクトルの1つはそれぞれ

$$\begin{pmatrix} 1 \\ -1 \\ 2 \end{pmatrix} \qquad \begin{pmatrix} 2 \\ -1 \\ 3 \end{pmatrix}$$

である．よって求める不動直線は次の2組である．

$$\begin{pmatrix} x \\ y \\ z \end{pmatrix} = \begin{pmatrix} 3 \\ -2 \\ 4 \end{pmatrix} t + \begin{pmatrix} 2 \\ -1 \\ 3 \end{pmatrix} p \quad (p \neq 0)$$

$$\begin{pmatrix} x \\ y \\ z \end{pmatrix} = \begin{pmatrix} 1 \\ -1 \\ 2 \end{pmatrix} t + \begin{pmatrix} 2 \\ -1 \\ 3 \end{pmatrix} q \quad (q \neq 0)$$

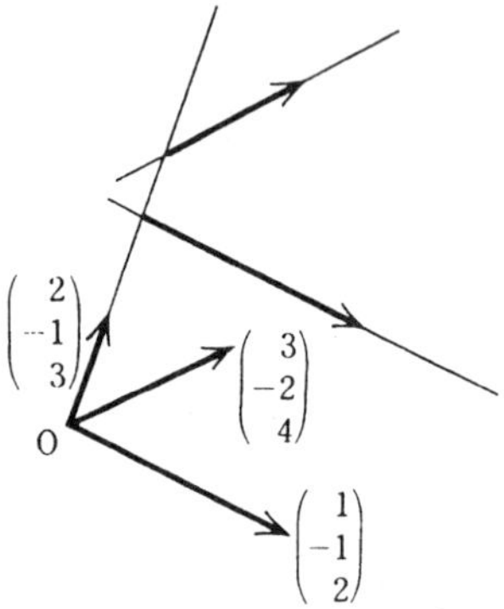

例 7――空間の不動直線

次の 1 次変換の原点を通らない不動直線をすべて求めよ.

$$\boldsymbol{x}' = A\boldsymbol{x}, \qquad A = \begin{pmatrix} 2 & 1 & 1 \\ 1 & 2 & 1 \\ 1 & 1 & 2 \end{pmatrix}$$

（解） 固有値を求めてみると 4 と 1 の 2 つで，1 は重根である．固有値 4, 1 に対する固有ベクトルは，それぞれ

$$\begin{pmatrix} 1 \\ 1 \\ 1 \end{pmatrix}, \qquad \begin{pmatrix} x_1 \\ y_1 \\ z_1 \end{pmatrix} \quad (x_1 + y_1 + z_1 = 0)$$

である．1 に対する固有空間は平面

$$x + y + z = 0 \tag{1}$$

であって，これは不動点の集合である．したがって求める不動直線は次の2組である．

不動平面(1)上の点を通り，$\lambda=4$ の固有ベクトルに平行なもの．

$$\text{(i)}\quad \begin{pmatrix} x \\ y \\ z \end{pmatrix}=\begin{pmatrix} 1 \\ 1 \\ 1 \end{pmatrix}t+\begin{pmatrix} x_1 \\ y_1 \\ z_1 \end{pmatrix}\quad (x_1+y_1+z_1=0)$$

不動平面(1)の上の任意の直線

$$\text{(ii)}\quad \begin{pmatrix} x \\ y \\ z \end{pmatrix}=\begin{pmatrix} a \\ b \\ c \end{pmatrix}t+\begin{pmatrix} x_1 \\ y_1 \\ z_1 \end{pmatrix}\quad \begin{pmatrix} a+b+c=0 \\ x_1+y_1+z_1=0 \end{pmatrix}$$

例をひろえば切りがない．ここらで打ち切ることにする．

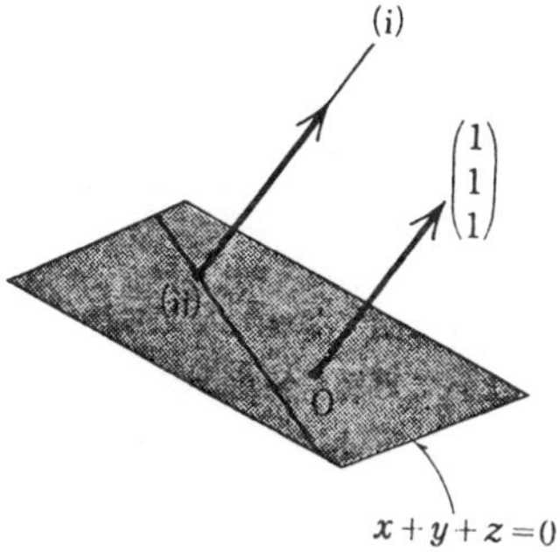

× ×

意図は初歩的解明にあったが，3次元ともなれば，それもかなわず，線型代数のかなりすすんだ知識を用いざるを得なかった．

ベクトル空間の1次変換における不動直線，不動平面の在り方は，要約すれば固有値に関する概念，すなわち，次の3つによって定まる．

(i) 固有値に1があるか．他の根の虚実．

(ii) 固有値は単根か重根か．

(iii) 固有空間の次元はいくらか.

したがって, 3次元の空間における不動直線の在り方を分類すれば, 次の8通りになる.

固有値	固有空間の次元	例　題
$1, \alpha, \beta$		例6
$1, \alpha, \alpha$	$\dim V(\alpha)=1$	
	$\dim V(\alpha)=2$	
$1, 1, \alpha$	$\dim V(1)=1$	
	$\dim V(1)=2$	例7
$1, 1, 1$	$\dim V(1)=1$	
	$\dim V(1)=2$	
	$\dim V(1)=3$	

この表で $V(\alpha)$ は固有値 α に対応する固有空間を表す. α が単根であれば $V(\alpha)$ の次元は1にきまっているから, 重根の場合の次元のみを示した.

以上で, 不十分ながら質問に答えたことになろう. 原点を通らない不動直線も, 結局は固有値の問題に帰着する. なおT君の手紙の最後に "原点を通る不動平面を求めるための新しい概念は何か" との質問があるが, 不動平面は固有空間が2次元のものに過ぎず, 固有ベクトルの知識で解明されるものである. 現在の高校や大学入試に現れる問題をみると, 固有空間が1次元のものに限られている. そのために "固有ベクトルは原点を通る1つの直線上にある" と思い込んでいる学生が多いようである.

× ×

T君の研究は2次元では成功したが, 3次元では行詰まった. この経験は貴重である．１次変換の構造は２次元では簡単であるが，３次元では急に複雑になる．まして，４次元以上では……．この壁を打ち破るための概念が固有値とそれに対応する固有空間である．そして，これらの概念は１次変換の対角化，三角化と深く結びついている．したがって，３次元空間における１次変換の不動直線，不動平面の在り方をもれなく知りたいというのであったら，次の簡単な三角行列の表わす１次変換について調べてみるのが近道である．

$$A_1=\begin{pmatrix}1&0&0\\0&2&0\\0&0&3\end{pmatrix}\qquad A_2=\begin{pmatrix}1&0&0\\0&2&1\\0&0&2\end{pmatrix}$$

$$A_3=\begin{pmatrix}1&0&0\\0&2&0\\0&0&2\end{pmatrix}\qquad A_4=\begin{pmatrix}1&1&0\\0&1&0\\0&0&2\end{pmatrix}$$

$$A_5=\begin{pmatrix}1&0&0\\0&1&0\\0&0&2\end{pmatrix}\qquad A_6=\begin{pmatrix}1&1&0\\0&1&1\\0&0&1\end{pmatrix}$$

$$A_7=\begin{pmatrix}1&0&0\\0&1&1\\0&0&1\end{pmatrix}\qquad A_8=\begin{pmatrix}1&0&0\\0&1&0\\0&0&1\end{pmatrix}$$

16
行列の n 乗のスペクトル分解

「行列の n 乗 …… あれ，求めるの …… 難しいわね」と彼女が，いまだ見せたことのない“したり顔”をちらりとのぞかせた．

「確かに，いろいろあるが …… どれをとってみても楽でありませんね．もっとも代表的なのは，ジョルダンの標準形の利用ですが」

「その標準形の利用というのは，たとえば2次の行列 A に相異なる固有値 α, β があるとき

$$A=K\begin{pmatrix}\alpha & 0\\ 0 & \beta\end{pmatrix}K^{-1}$$

をみたすような正則行列 K を求める …… こんな方法でしょう」

「そう．固有値が重根 α をもつときは，その式の代りに

$$A=K\begin{pmatrix}\alpha & 1\\ 0 & \alpha\end{pmatrix}K^{-1}$$

を用いればよい」

「その方法 …… すごくあざやか …… でも，手品みたいで …… なじむのが大変よ」

「非凡な方法というのは，たいてい，手品みたいに見えるものじゃない」

「否定しないわ．でも，それに満足なんて日頃の先生らしくない」

「説教する身が説教されてるみたい …… 主客転倒 …… 道理で，きょ

うのあなたの顔は日頃と違うね．自信ありげで ……」

「ちょっとばかり，やってみたの」

「した手に出ましたね．男性には，女性のその手が怖い」

「そんな大げさなものでないですわ．行列の列の漸化式を考えた．ヒントはケーリー·ハミルトンの等式

$$A=\begin{pmatrix} a & b \\ c & d \end{pmatrix}, \qquad E=\begin{pmatrix} 1 & 0 \\ 0 & 1 \end{pmatrix}$$

$$A^2-(a+d)A+(ad-bc)E=O$$

この式の両辺に A^{n-2} をかけて

$$A^n-(a+d)A^{n-1}+(ad-bc)A^{n-2}=O$$

$A^n=X_n$, $X_0=A^0=E$ とおいて

$$X_n-(a+d)X_{n-1}+(ad-bc)X_{n-2}=O$$

nの制限は2以上」

「やりましたね．見直した」

「パッと気付いたとき，うれしかった．この漸化式の解は A^n ……だから，その解をAの固有値 α, β で表すことができれば ……」

「成功した？」

「もちろん．一般に，行列の列

$$X_0, X_1, X_2, \cdots, X_n, \cdots$$

で，実係数の漸化式

$$X_n+hX_{n-1}+kX_{n-2}=O$$

が与えられているとき，この解き方が分ればよい．それで，実数の場合の漸化式

$$x_n+hx_{n-1}+kx_{n-2}=0 \qquad ①$$

の解き方に戻ってみた」

「そのアナロジーは，高校と大学の橋渡しになりそう．実数の場合の解き方はいろいろあるが …… あなたの解き方は？」

「固有方程式 $t^2+ht+k=0$ の2つの根を α,β とすると，①は

$$x_n-(\alpha+\beta)x_{n-1}+\alpha\beta x_{n-2}=0$$

これをかきかえる方法です．

$$x_n-\alpha x_{n-1}=\beta(x_{n-1}-\alpha x_{n-2})$$

数列 $\{x_n-\alpha x_{n-1}\}$ は公比が β の等比数列だから

$$x_n-\alpha x_{n-1}=\beta^{n-1}(x_1-\alpha x_0) \qquad ②$$

$\alpha \neq \beta$ のときは，α,β をいれかえた式も作る．

$$x_n-\beta x_{n-1}=\alpha^{n-1}(x_1-\beta x_0)$$

第2式に α, 第1式に β をかけてひき，両辺を $\alpha-\beta$ で割ると

$$x_n=\alpha^n\frac{x_1-\beta x_0}{\alpha-\beta}+\beta^n\frac{x_1-\alpha x_0}{\beta-\alpha}$$

$\dfrac{x_1-\beta x_0}{\alpha-\beta}=p$, $\dfrac{x_1-\alpha x_0}{\beta-\alpha}=q$ とおいて

$$x_n=\alpha^n p+\beta^n q$$

$\alpha=\beta$ のときは ② から

$$x_n-\alpha x_{n-1}=\alpha^{n-1}(x_1-\alpha x_0)$$

両辺を α^n で割ると

$$\frac{x_n}{\alpha^n}-\frac{x_{n-1}}{\alpha^{n-1}}=\frac{x_1-\alpha x_0}{\alpha}$$

数列 $\left\{\dfrac{x_n}{\alpha^n}\right\}$ は公差が $\dfrac{x_1-\alpha x_0}{\alpha}$ の等差数列だから

$$\frac{x_n}{\alpha^n}=x_0+n\frac{x_1-\alpha x_0}{\alpha}$$

$x_1-\alpha x_0=s$ とおくと

$$x_n=\alpha^n x_0+n\alpha^{n-1}s$$

こんな分りきったことをダラダラとかいて申訳けない．でも，私のアナロジーの重要な源 ……」

「分ったよ．あなたのアナロジーの正体が．実数 x_n を行列で置きか

えるのでしょう」

「そう．実数 x_n を2次の行列 X_n で置きかえても，いままでの計算がそのまま成り立つ．いえ，成り立ちそう．自信がないから，一行，一行あたってみました」

「確かめるまでもないですね．x_n についての計算は加減と実数倍だけ．この計算ならば行列でも可能 ……」

「理論的には，たとえ，そうであっても，確かめないと安心できないものなの」

「その気持，分らんでもない．確かめるのを眺めるとしよう」

「行列の数列 …… 数列でよいかしら」

「行列の列ではゴロが悪い．数列でいこう．行列だって，見方によっては数の仲間ですからね」

「行列の数列

$$X_0,\ X_1,\ X_2,\ \cdots,\ X_n,\ \cdots$$

が実係数の漸化式

$$X_n+hX_{n-1}+kX_{n-2}=O \qquad ①$$

をみたすとするのです．方程式

$$t^2+ht+k=0$$

の2根を α,β とすると $\alpha+\beta=-h,\ \alpha\beta=k$，これを ① に代入すると

$$X_n-(\alpha+\beta)X_{n-1}+\alpha\beta X_{n-2}=O$$

前と同様にかきかえて

$$X_n-\alpha X_{n-1}=\beta(X_{n-1}-\alpha X_{n-2})$$

行列の数列 $\{X_n-\alpha X_{n-1}\}$ は公比 β の等比数列だから

$$X_n-\alpha X_{n-1}=\beta^{n-1}(X_1-\alpha X_0) \qquad ②$$

α と β が異なるときは，α と β をいれかえて

$$X_n-\beta X_{n-1}=\alpha^{n-1}(X_1-\beta X_0) \qquad ③$$

③×α−②×β を作り，両辺を α−β で割ると

$$X_n=\alpha^n\frac{X_1-\beta X_0}{\alpha-\beta}+\beta^n\frac{X_1-\alpha X_0}{\beta-\alpha}$$

X_0, X_1 が初期値として与えられておるとすると，2つの行列

$$\frac{X_1-\beta X_0}{\alpha-\beta}=P,\quad \frac{X_1-\alpha X_0}{\beta-\alpha}=Q$$

は分っているから

$$X_n=\alpha^nP+\beta^nQ$$

これで X_n も求まる」

「なるほど，確かめてみると，実感の手ごたえが違うね．α と β が等しい場合も頼みますよ」

「その場合は，② で α=β とおくと

$$X_n-\alpha X_{n-1}=\alpha^{n-1}(X_1-\alpha X_0)$$

両辺を α^n で割って

$$\frac{X_n}{\alpha^n}-\frac{X_{n-1}}{\alpha^{n-1}}=\frac{X_1-\alpha X_0}{\alpha}$$

行列の数列 $\left\{\frac{X_n}{\alpha^n}\right\}$ は公差 $\frac{X_1-\alpha X_0}{\alpha}$ の等差数列だから

$$\frac{X_n}{\alpha^n}=X_0+n\frac{X_1-\alpha X_0}{\alpha}$$

$X_1-\alpha X_0=S$ とおいて

$$X_n=\alpha^nX_0+n\alpha^{n-1}S$$

行列にかえてもよいことが確かめられた」

「その先が見もの …… いや楽しみです」

A^n にどう応用するか

「ここまで来たら，もう安心よ」

「それを見たい」

「きょうは，いやに傍観的なのね」

「教育的配慮ですよ．見方をかえれば，あなたを信頼しているあかし」

「なんとでもおっしゃい．行列Aは与えられているのだから，それを

$$A=\begin{pmatrix} a & b \\ c & d \end{pmatrix}$$

とします．ケーリー・ハミルトンの等式によって

$$A^2-(a+d)A+(ad-bc)E=O$$

両辺に A^{n-2} をかけて

$$A^n-(a+d)A^{n-1}+(ad-bc)A^{n-2}=O$$

これは行列の数列

$$E, A, A^2, \cdots, A^n, \cdots$$

の漸化式とみると，先の結果が，そのまま利用できる．固有方程式

$$t^2-(a+d)t+(ad-bc)=0$$

の2根を α, β とすると

$\alpha \neq \beta$ のとき

$$A^n=\alpha^n P+\beta^n Q$$

$$P=\frac{A-\beta E}{\alpha-\beta}, \quad Q=\frac{A-\alpha E}{\beta-\alpha}$$

$\alpha=\beta$ のとき

$$A^n=\alpha^n E+n\alpha^{n-1}S$$

$$S=A-\alpha E$$

やったでしょう」

「やりましたね．お見事」

「実例も用意してますわ」

「ほう．いたれり，つくせりですね」

「第1の実例は，固有値が異なる場合．

$$A=\begin{pmatrix} 6 & -4 \\ 3 & -1 \end{pmatrix}$$

固有方程式は

$$(6-t)(-1-t)-3\cdot(-4)=0$$
$$t^2-5t+6=0$$
$$t=2,\ 3$$

固有値を $\alpha=2, \beta=3$ とおくと

$$P=\frac{A-3E}{2-3}=\begin{pmatrix} -3 & 4 \\ -3 & 4 \end{pmatrix}$$

$$Q=\frac{A-2E}{3-2}=\begin{pmatrix} 4 & -4 \\ 3 & -3 \end{pmatrix}$$

$$A^n=2^n\begin{pmatrix} -3 & 4 \\ -3 & 4 \end{pmatrix}+3^n\begin{pmatrix} 4 & -4 \\ 3 & -3 \end{pmatrix}$$

1つの行列にまとめると ……」

「いやいや，そのままのほうが簡単です」

「じゃ，そのままで，第2の実例 …… 固有値が重根の場合を

$$A=\begin{pmatrix} 3 & -4 \\ 1 & 7 \end{pmatrix}$$

固有方程式は

$$(3-t)(7-t)+4=0$$
$$t=5 \text{（重根）}$$
$$S=A-5E=\begin{pmatrix} -2 & -4 \\ 1 & 2 \end{pmatrix}$$
$$A^n=5^n\begin{pmatrix} 1 & 0 \\ 0 & 1 \end{pmatrix}+n5^{n-1}\begin{pmatrix} -2 & -4 \\ 1 & 2 \end{pmatrix}$$

これも，このままがよさそうね」

「かゆいところに手のとどいた，とでもいいましょうか．あなたは案外世話女房になりそう．結婚した男性は幸福でしょうよ」

「じゃ，先生，私にプロポーズしたら」

「手遅れです．前提としての離婚 …… 慰謝料がたいへんですぞ」

「先生の資産何億円でしょう．それ全部あげたら ……あとは私が面倒をみます」

「手作りのマイホームですか．6畳一間のアパートで …… 泣かされるね」

「手作りのマイホームで手作りの数学の共同創作 …… すてきじゃない」

「心にとどめて置きましょ．フィクションとしてね」

「思いのほか勇気がないのね」

「逆襲しますよ．これから ……」

行列の特性を生かす

「どうぞ．ご自由に」

「あなたの解き方は要するに，2つの1次独立な特殊解を求め，それを用いて一般解を求めたことになりますね」

「特殊解というのは α^n と β^n のこと？」

「行列の場合でみると α^nE と β^nE です．

$$X_n+hX_{n-1}+kX_{n-2}=O$$

この式に代入してごらん．α,β は固有方程式 $t^2+ht+k=0$ の根であることを忘れずに」

「$X_n=\alpha^nE$ とおくと

$$\begin{aligned}\text{左辺}&=\alpha^nE-(\alpha+\beta)\alpha^{n-1}E+\alpha\beta\alpha^{n-2}E\\&=(\alpha^n-\alpha^n-\alpha^{n-1}\beta+\alpha^{n-1}\beta)E=O\end{aligned}$$

確かに α^nE は漸化式をみたします．β^nE も同様に ……」

「そうでしょう．しかも α と β が異なるとき，α^nE と β^nE は1次独立です」

「そこが分りません」

「1次独立ですか」

「そう」

「n の関数とみたとき1次独立ということ …… つまり

$$\alpha^nEP+\beta^nEQ=\alpha^nP+\beta^nQ=O$$

がnのすべての値に対して成り立つならば $P=Q=O$となることです」

「ほんとに，そうなる」

「$n=0, 1$ とおいてごらんよ．簡単に P, Q は O になりますが」

「$n=0$ とすると　$P+Q=O$

　$n=1$ とする　　$\alpha P+\beta Q=O$

P, Q について解いて　$P=Q=O$」

「それごらん．だから，あなたの解は1次独立な2つの特殊解 $\alpha^n E$, $\beta^n E$ を求め …… 一般解が $\alpha^n P+\beta^n Q$ になることを導いたことになるのです」

「なるほどね．でも，それが分ったとして，どんな効用が？」

「目標が明確になれば，方法はくふう次第ということがある．目標は $A^n=\alpha^n P+\beta^n Q$ を導くこと．仮にこれが成り立つとすると $n=0, 1$ とおいて

$$P+Q=E, \quad \alpha P+\beta Q=A$$

これを P, Q について解いて

$$P=\frac{A-\beta E}{\alpha-\beta}, \quad Q=\frac{A-\alpha E}{\beta-\alpha}$$

結局，この P, Q を用いると，もとの行列は

$$A=\alpha P+\beta Q \qquad ①$$

と表される．この式から

$$A^n=\alpha^n P+\beta^n Q \qquad ②$$

を導けばよい．

目標　① → ②

これをみれば，アイデアがヒラメキそう」

「① の両辺を n 乗して ② を導く？」

「一気に n 乗では無理 …… こんなときは，2乗，3乗，…… と順序をふむのが手作りの数学の常道 ……」

「常道で行きます．①の両辺を2乗すると

$$A^2=\alpha^2P^2+\alpha\beta PQ+\alpha\beta QP+\beta^2Q^2$$

目標 $A^2=\alpha^2P+\beta^2Q$ とくらべて，

$$PQ\equiv QP=O,\ P^2=P,\ Q^2=Q$$

がほしい．でも，こんな式 …… 成り立つかしら ……」

「計算してごらんよ」

「では　　$PQ=\dfrac{A-\beta E}{\alpha-\beta}\cdot\dfrac{A-\alpha E}{\beta-\alpha}$

$$\begin{aligned}分子&=A^2-(\alpha+\beta)A+\alpha\beta E\\&=A^2-(a+d)A+(ad-bc)E=O\end{aligned}$$

$PQ=QP=O$ が成り立つ．

$$P^2=\left(\frac{A-\beta E}{\alpha-\beta}\right)^2=\frac{A^2-2\beta A+\beta^2E}{(\alpha-\beta)^2}$$

これに $A^2=(\alpha+\beta)A-\alpha\beta E$ を代入すると

$$P^2=\frac{(\alpha-\beta)A-\beta(\alpha-\beta)E}{(\alpha-\beta)^2}=\frac{A-\beta E}{\alpha-\beta}=P$$

おや，$P^2=P$ も成り立つ．$Q^2=Q$ も同様」

「ご苦労さま．$P^2=P$ は，もっと簡単に出ますね．P,Q は $P+Q=E$ をみたす．この両辺にPをかけてごらん」

「$P^2+PQ=P$, $PQ=O$ だから $P^2=P$. こんな簡単な方法があるなんて ……，Q をかけて $Q^2=Q$」

「アタマは使うためにある」

「アタマによりけりよ．A^2 は分った．A^3 は

$$\begin{aligned}A^3=A^2A&=(\alpha^2P+\beta^2Q)(\alpha P+\beta Q)\\&=\alpha^3P^2+\alpha\beta(\alpha+\beta)PQ+\beta^3Q^2\\&=\alpha^3P+\beta^3Q\end{aligned}$$

同様にして …… 正式には数学的帰納法で

$$A^n=\alpha^nP+\beta^nQ$$

やれやれ，私にはアタマの洗濯ですわ」

「この調子で，重根のときも願いますよ．洗濯したアタマで ……」

「固有値が重根 α をもつときは，$\alpha^n E$ が特殊解の１つ．もう１つは？」

「あなたの最初の答から予想して，第２の特殊解は $n\alpha^{n-1}E$ です」

「確かめます．α を重根にもつ場合だから，もとの漸化式は

$$X_n-2\alpha X_{n-1}+\alpha^2X_{n-2}=O$$

X_n に $n\alpha^{n-1}E$ を代入すると

$$左辺=\{n-2(n-1)+(n-2)\}\alpha^{n-1}E=O$$

確かに特殊解です」

「そこで，前と同じように，第 n 項，すなわち A^n が $\alpha^nR+n\alpha^{n-1}S$ の形の式で表されることを示せばよい」

「R, S の正体を知るため，$n=0, 1$ とおいてみます．

$$R+O=E,\quad \alpha R+S=A$$

これを解いて $R=E, S=A-\alpha E$，結局，目標は $A=\alpha E+S$ から $A^n=\alpha^nE+n\alpha^{n-1}S$ を導くことにしぼられた．$n=2, 3, \cdots$ と手作りの味で行きます．

$$A^2=(\alpha E+S)^2=\alpha^2E+2\alpha S+S^2$$

これが $\alpha^2E+2\alpha S$ となるためには $S^2=O$ が必要．$S^2=(A-\alpha E)^2=O$ は明らかだから

$$A^2=\alpha^2E+2\alpha S$$

次に

$$A^3=A^2A=(\alpha^2E+2\alpha S)(\alpha E+S)$$
$$=\alpha^3E+3\alpha^2S$$

数学的帰納法によるまでもなく

$$A^n=\alpha^nE+n\alpha^{n-1}S$$

“行列は使いよう” ということが，いま，はじめて分りました．この解き方 …… 私には貴重な収穫 …… まとめてみます」

2 次の行列を A とし，その固有値を α, β とする．

$\alpha \neq \beta$ のとき　$A^n = \alpha^n P + \beta^n Q \quad (n \geqq 0)$

ただし，P, Q は $E = P + Q,\ A = \alpha P + \beta Q$ をみたす行列，すなわち

$$P = \frac{A - \beta E}{\alpha - \beta}, \quad Q = \frac{A - \alpha E}{\beta - \alpha}$$

$P^2 = P,\ Q^2 = Q$ …… P, Q は**べき等行列**

$PQ = QP = O$ …… P, Q は互に他の**零因子**

$\alpha = \beta$ のとき　$A^n = \alpha^n R + n\alpha^{n-1} S \quad (n \geqq 0)$

ただし R, S は $E = R + O,\ A = \alpha R + S$ をみたす行列，すなわち

$$R = E, \quad S = A - \alpha E$$

$S^2 = O$ …… S **はべき零行列**

「n 次の行列へ一般化できそうね」

「前向きの姿勢は頼もしい．しかし，一気には無理でしょう．3 次から 4 次へと …… 手作りの味を忘れずに．次回を期待してます」

3 次の行列への拡張

一週間後，N 駅の喫茶店ルノアールで彼女と会う．

「どう．できましたか．3 次の行列の n 乗を固有値で表すこと」

「もちろん．傑作よ．私としては ……」

「傑作ね．見るのが楽しみ」

「最初に結果だけ，かきます．3 次の行列を A とすると，A の漸化式の固有方程式は 3 次だから固有値を α, β, γ とする．

α, β, γ が異なるとき

$$A^n = \alpha^n P + \beta^n Q + \gamma^n R \quad (n \geqq 0) \qquad ①$$

ただし，P, Q, R は連立方程式

$$P + Q + R = E \qquad ②$$

$$\alpha P + \beta Q + \gamma R = A \qquad ③$$

$$\alpha^2P+\beta^2Q+\gamma^2R=A^2 \qquad ④$$

の解です．これを解いて

$$P=\frac{(A-\beta E)(A-\gamma E)}{(\alpha-\beta)(\alpha-\gamma)}$$

Q, R は α, β, γ をサイクリックにいれかえたもの……」

「②, ③, ④ を用いて ① を導いたものと思うが，そのとき P, Q, R の特性を用いたでしょう」

「もちろん．もとの漸化式はかきかえると

$$(A-\alpha E)(A-\beta E)(A-\gamma E)=O$$

これと P, Q, R の式とから

$$PQ=QP=O,\quad PR=RP=O,\quad QR=RQ=O$$

それから，2次の場合にならって②の両辺に P, Q, R をかけて

$$P^2=P,\quad Q^2=Q,\quad R^2=R$$

これらの特性を用いれば①を導くのは簡単」

「ほう．やりましたね．重根の場合を知るのが楽しみ」

「α が単根で β が重根のときは

$$A^n=\alpha^nP+\beta^nQ+n\beta^{n-1}R \quad (n\geqq 0) \qquad ①$$

の係数の3次行列 P, Q, R は $n=0, 1, 2$ のときの式

$$P+Q=E \qquad ②$$

$$\alpha P+\beta Q+R=A \qquad ③$$

$$\alpha^2P+\beta^2Q+2\beta R=A^2 \qquad ④$$

によってきまります．これを解いて

$$P=\left(\frac{A-\beta E}{\alpha-\beta}\right)^2$$

$$Q=\frac{A-\alpha E}{\beta-\alpha}\left(E+\frac{A-\beta E}{\alpha-\beta}\right)$$

$$R=\frac{(A-\alpha E)(A-\beta E)}{\beta-\alpha}$$

もとの漸化式を α, β で表して

$$(A-\alpha E)(A-\beta E)^2=O$$

これを用いると，簡単に

$$PQ=QP=O, \quad PR=RP=O, \quad R^2=O$$

が出ます．$P+Q=E$ の両辺に P, Q をかけて

$$P^2=P, \quad Q^2=Q$$

これらを用いて③,④から①を導きました」

「手作りも佳境にはいった感じ」

「おだてないで …… シラケルわ」

「シラケル！？」

「女性はデリケートなの」

「では，3重根の場合を，そのデリケートなセンスで ……」

「3重根を α とすると

$$A^n=\alpha^n P+n\alpha^{n-1}Q+\frac{n(n-1)}{2}\alpha^{n-2}R$$

P, Q, R をきめる方程式は $n=0, 1, 2$ とおいて

$$P=E$$
$$\alpha P+Q=A$$
$$\alpha^2P+2\alpha Q+R=A^2$$

これを解くと

$$P=E, \quad Q=A-\alpha E, \quad R=(A-\alpha E)^2$$

だから，結局，求める式は

$$A^n=\alpha^n E+\frac{n}{1!}\alpha^{n-1}Q+\frac{n(n-1)}{2!}\alpha^{n-2}Q^2 \quad (n\geqq 0) \qquad ①$$

きれいな式でしょう」

「α^{n-2} の係数を $\dfrac{n(n-1)}{2!}$ としたところなど，にくいほどの出来ばいだ」

「これは最後の結果 …… 途中の苦労は相当もなのよ．最初に予想した式は

$$A^n = \alpha^n P + n\alpha^{n-1}Q + n^2\alpha^{n-2}R$$

これで P, Q, R を求めたら，へんな式が出た．それで …… いろいろ書きかえてみました．最後にたどりついたのが，さきの式っていうわけ」

「その手作りの過程が貴い．この頃は，とかく結果をあせり，過程を忘れがち．○×テストの弊害ここにきわまれり，といった感じですね．その美名は客観テスト …… あやしげな客観性を手に入れた代償として，大切なものを失っていませんかね」

「手作りの数学のようなテストができたら最高じゃない」

「僕もそう思うよ．我田引水かな …….　話がそれた．①の証明は？」

「意外と簡単．もとの漸化式は α で表すと

$$(A-\alpha E)^3 = O$$

ですから $Q^3 = O$，これと

$$A = \alpha E + Q,\quad A^2 = \alpha^3 E + 2\alpha Q - 3Q^2$$

を用いて $A^3, A^4, \cdots$ を順に求める．数学帰納法の手頃な練習になります」

「ここまでくれば一般化はやさしそう．たとえば行列 A が5次で，固有値が α は単根，β は4重根であったとすると，A^n は ……」

「それ，私にまかせて ……

$$A^n = \alpha^n P + \beta^n Q_0 + \frac{n}{1!}\beta^{n-1}Q_1 + \frac{n(n-1)}{2!}\beta^{n-2}Q_2 + \frac{n(n-1)(n-2)}{3!}\beta^{n-3}Q_3$$

きっと，こうでしょう」

「組合せの記号 ${}_n\mathrm{C}_r$ を用いれば簡単な式になりますよ．

$$A^n = \alpha^n P + \beta^n Q_0 + {}_nC_1\beta^{n-1}Q_1 + {}_nC_2\beta^{n-2}Q_2 + {}_nC_3\beta^{n-3}Q_3$$

あるいはシグマを用いて

$$A^n = \alpha^n P + \sum_{r=0}^{3} {}_nC_r\beta^{n-r}Q_r$$

係数 P, Q_r がどんな行列になることやら …… 求めてみないことには ……」

「求めてみましょうか」

「いや，余韻を残すのが手作りの秘訣，ここらで終りとしようよ」

17
オイラーの分数式のルーツ

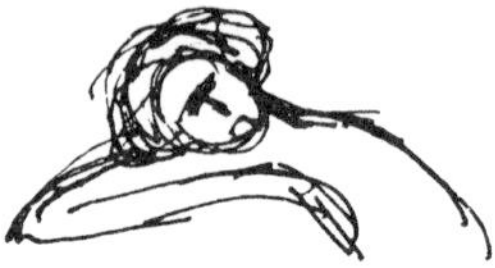

ホテルのロビーの隅のティールーム，さいわい，今日は客がまばら，一パイのジュースかコーヒーで 1, 2 時間ねばるにはうってつけ．照明の関係であろうか，F 嬢が笑う度に目じりに小じわが …… 現れるというよりは浮ぶというべきか．

「いま，貴重な発見をしましたよ」

「いやですわ．じっと，顔をみつめて ……．なにを発見しましたの」

「女性の魅力は …… 小じわの浮ぶ頃っていうこと」

「多分，そんなことだろうと，思いましたわ．ニヤニヤなさってるんですもの」

「ほんと．この魅力 …… 男性でないと分らないと思うね」

「逆襲しますわよ．先生にも，しわはありますから」

「いや，僕のは大じわ．魅力とは無関係，こればかりは，大が小を兼ねませんからね」

「こんな話は止しましょうよ」

「でも，きょうは話題がない」

「持って来ましたわ．オイラーの分数式」

「オイラーの分数式？」

「分数式の計算問題に，よく現れる

$$\frac{a^2}{(a-b)(a-c)}+\frac{b^2}{(b-c)(b-a)}+\frac{c^2}{(c-a)(c-b)}$$

のような式のこと」

「ああ，それですか．数学教育の先駆者——小倉金之助が，取り挙げた式です．処女作“数学教育の根本問題”で ……」

「そんなに重要な式」

「いや，逆です．無用の教材のサンプル …… 今様にいえばガラクタ教材」

「ガラクタだなんて！」

「むきになりなさんな．世の中には無用の用というのがあるもんです．この頃の住宅が住みにくいのは，無用の用としての空間が少ないから …… そう思いませんか」

「認識不足ですわ．先立つものがなければ，その余裕もないのに ……」

「根本は土地政策の不在」

「教育では，入試政策の不在ね」

「その根源に，学歴社会がある」

「大ぶろしきになったようよ．話題をもとへ戻しましょう．オイラーの分数式は，無用の用かしら」

オイラー（1707-1783）

「分数の計算問題なら，計算練習自身が目標なわけで，無用とはいえない」

「私 …… こういう，形の整った問題好きなの．それに答が 0 とか 1 なんていうのは，成功したとき，さわやかよ」

「その気持分る」

この式のルーツは？

「この式のルーツは？」

「考えたことない」

「個人名を付けるほど重要かしら」

「さあ，僕は不勉強でね．それに，この程度のもので，文献をあさるのも ……」

「先生の本の，2 次関数の求め方でみたような気がします．この分数式と関係ありませんか」

「ラグランジュの方法 …… 2 次以下の関数を，3 組の対応値を知って求める」

「そう．それですわ」

「y が x の 2 次以下の関数で， $x=a, b, c$ のとき $y=p, q, r$ とする．この関数を

$$y=A(x-b)(x-c)+B(x-c)(x-a)+C(x-a)(x-b)$$

とおいて，A, B, C を決定するのを，ふつうラグランジュの方法といいますね．A, B, C の値を求めてごらん」

「$x=a$ を代入すると，第 2，第 3 の項が消えて

$$p=A(a-b)(a-c)$$

$$A=\frac{p}{(a-b)(a-c)}$$

同様にして B, C も ……」

「その結果を公式にした

$$y=\sum\frac{p(x-b)(x-c)}{(a-b)(a-c)}$$

はラグランジュの公式というようです」

「この式の分母はオイラーの分数式の分母と同じ．それで分子も同じにするため，p, q, r をそれぞれ a^2, b^2, c^2 で置きかえてみたら

$$y=\sum a^2\frac{(x-b)(x-c)}{(a-b)(a-c)}$$

この x^2 の係数は

$$\sum\frac{a^2}{(a-b)(a-c)}$$

で，オイラーの分数式の１つ．ところが $x=a, b, c$ のとき $y=a^2, b^2, c^2$ になる２次以下の関数は $y=x^2$ に限るから，上の分数式の値は１です．うまいでしょう」

「計算抜きで答を出した．見上げたアイデア …… エレガントでもある」

「うれしくて …… p, q, r を a, b, c で置きかえてみたら

$$y=\sum a\frac{(x-b)(x-c)}{(a-b)(a-c)}$$

一方 $y=x$ だから，x^2 の係数を比較して

$$\sum\frac{a}{(a-b)(a-c)}=0$$

これも成功．p, q, r を１とおいて

$$y=\sum\frac{(x-b)(x-c)}{(a-b)(a-c)}$$

$y=1$ はあきらかだから x^2 の係数から

$$\sum\frac{1}{(a-b)(a-c)}=0$$

見捨てたものでないでしょう」

「自画自賛の先手では，ほめようがないよ」

「まだあるの．オイラーの分数式の一般化

$$\varphi(n)=\sum\frac{a^n}{(a-b)(a-c)}$$

こう置くと，分ったのは

$$\varphi(0)=0,\ \varphi(1)=0,\ \varphi(2)=1$$

欲が出たから調子に乗り，$\varphi(3)$ を求めようと …… p, q, r を a^3, b^3, c^3 で置きかえてみたが，行詰り」

「東京の街のよう．この路地行けば近道のはず，と行ってみたらよそ様の玄関口で行止り．引き返すときのカッコ悪さ」

「私，堂々と引き返すわ」

「女性のその心臓，男性にはうらやましい．数学の行詰りも，その心臓で ……」

「さんざ，考えたあとで，求める関数を

$$y=x^3-(x-a)(x-b)(x-c)$$

とおくことで解決 ……」

「ほう，奇抜な方法 …… それで，うまくいくのですか」

「いきますわよ．$x=a, b, c$ のとき $y=a^3, b^3, c^3$ で …… x^3 は消え …… x^2 の係数は $a+b+c$ …… ラグランジュの式は

$$y=\sum a^3\frac{(x-b)(x-c)}{(a-b)(a-c)}$$

この x^2 の係数は $\varphi(3)$ だから

$$\varphi(3)=a+b+c$$

出来たとき嬉しかった」

「手作りの数学は快調 …… 遂に $\varphi(4)$ も ……」

「やりましたわよ．4次のときは

$$y=x^4-(x-a)(x-b)(x-c)(x+a+b+c)$$

とおけばよいことを発見」

「奇抜で，気味悪いね．$x=a, b, c$ とおくと $y=a^4, b^4, c^4$ …… x^4 は消える …… x^3 も消える …… なるほどね．x^2 の係数は

$$(a+b+c)^2-(bc+ca+ab)$$

ラグランジュの公式とくらべて

$$\varphi(4)=a^2+b^2+c^2+bc+ca+ab$$

なるほど．この式は求めたことがある．ズバリ一致するね．しかし，こんな方法，一般化は無理でしょう」

「それが，出来たのよ．$a+b+c=p_1$, $bc+ca+ab=p_2$, $abc=p_3$ とおくと，$\varphi(6)$ のときは

$$y=x^6-(x^3-p_1x^2+p_2x-p_3)\times\{\varphi(2)x^3+\varphi(3)x^2+\varphi(4)x+\varphi(5)\}$$

と置けばよいのです．前と同じ考えで

$$\varphi(6)=p_1\varphi(5)-p_2\varphi(4)+p_3\varphi(3)$$

これを計算すると，どんな式になると思います？」

「知らないね．求めてみたことない」

「私の勝 …… 教えてあげるわ．

$$\varphi(6)=(a+b+c)(a^2+b^2+c^2)+abc$$

意外な結果でしょう」

「負けました．しかし，無条件降服ではありませんよ．大東亜戦みたいなもので ……」

「あれは，一部の日本人の負けおしみよ．一般化で，漸化式

$$\varphi(n)=p_1\varphi(n-1)-p_2\varphi(n-2)+p_3\varphi(n-3)$$

n の制限は $n\geqq3$，これでも負けおしみをいいますの」

「あのね，男というのは，意地で生きているようなもの …… その式をみて自信もりもり，名案が浮んだよ」

近道ありて，また楽し

「ずるいわ．私の成果を横取りするなんて」

「しかし，このヒラメキ …… あなたには無かった」

「どんなヒラメキ？」

「あなたは，a^n+b^n に関する漸化式を導くとき，2次方程式

$$(x-a)(x-b)=x^2-(a+b)x+ab=0$$

を利用したことがあるでしょう」

「あります．x に a, b を代入し，a^{n-2}, b^{n-2} をかけると

$$a^n=(a+b)a^{n-1}-(ab)a^{n-2}$$
$$b^n=(a+b)b^{n-1}-(ab)b^{n-2}$$

加えて

$$a^n+b^n=(a+b)(a^{n-1}+b^{n-1})-ab(a^{n-2}+b^{n-2})$$

これでしょう」

「そう．それを知っているなら，ヒラメクはずなのに …… 残念でした」

「この考えを3文字 a, b, c へ拡張しただけでは，$a^n+b^n+c^n$ の漸化式になってしまうでしょう」

「ちょっとしたくふう …… そこがヒラメキ．a, b, c を根とする方程式は

$$x^3=p_1x^2-p_2x+p_3$$

x に a, b, c を代入して

$$a^3=p_1a^2-p_2a+p_3$$
$$b^3=p_1b^2-p_2b+p_3$$
$$c^3=p_1c^2-p_2c+p_3$$

この3式に，順に

$$\frac{a^{n-3}}{(a-b)(a-c)},\ \frac{b^{n-3}}{(b-c)(b-a)},\ \frac{c^{n-3}}{(c-a)(c-b)}$$

をかけてから，加えると

$$\varphi(n)=p_1\varphi(n-1)-p_2\varphi(n-2)+p_3\varphi(n-3)$$

これ，あなたの導いたものと同じ」

「ずるいわ，こんな近道」

「近道もまた楽し．あなたの回り道があったから近道が見つかった．感謝しますよ」

「うれしい．オイラーの分数式のルーツは，この漸化式のようね」

「いや，それは解いてみなければ分らない．分ったのは，漸化式

$$(*)\quad y_n=p_1y_{n-1}-p_2y_{n-2}+p_3y_{n-3}\quad (n\geqq 3)$$

の解の1つが $\varphi(n)$ であること」

「$\varphi(n)$ は特殊解？」

「そう．だから一般解がどうなるかは分らない．一般解は初期条件 y_0, y_1, y_2 を含むはず．そして $y_0=y_1=0$，$y_1=1$ のとき $y_n=\varphi(n)$ となるのでしょう．おそらく」

4項間の漸化式を解く

「漸化式を解けば万事明らかになりますね」

「一緒に解いてみますか」

「3項間の漸化式なら自信がありますが，4項間では……」

「3項間の場合をほんのちょっと拡張するだけ．解き方は線型写像にかえて行列を使うのが一般的と思うが，いまは予備知識のいらない初歩的方法で……」

「スタートは私が……固有方程式は $y_n=x^3$, $y_{n-1}=x^2$, $y_{n-2}=x$, $y_{n-3}=1$ とおいて

$$x^3=p_1x^2-p_2x+p_3$$

$$x^3-(a+b+c)x+(bc+ca+ab)x-abc=0$$

これを解いて固有根は a, b, c ……」

「この場合は，そこまで戻る必要もない．(*) の p_1, p_2, p_3 を $a+b+c$, $bc+ca+ab$, abc に戻すだけでよい．

$$y_n=(a+b+c)y_{n-1}-(bc+ca+ab)y_{n-2}+abcy_{n-3}$$

これを書きかえるところが要点 …… 難しいから僕がやろう．

$$y_n-(b+c)y_{n-1}+bcy_{n-2}=a(y_{n-1}-(b+c)y_{n-2}+bcy_{n-3})$$

この式をじっと眺めてごらん」

「これぐらいは分るわよ．一般項が

$$y_n-(b+c)y_{n-1}+bcy_{n-2}$$

の数列は等比数列で …… 公比は a だから

$$\begin{aligned}&y_n-(b+c)y_{n-1}+bcy_{n-2}\\&\qquad=a^{n-2}(y_2-(b+c)y_1+bcy_0)\end{aligned} \qquad ①$$

この先が大変よ．こんな大きい式 ……」

「式が大きくたって，規則的ならば易しい．a, b, c を順にいれかえて，さらに 2 つの式を作ってごらん」

「サイクリックにですね．

$$\begin{aligned}&y_n-(c+a)y_{n-1}+cay_{n-2}\\&\qquad=b^{n-2}(y_2-(c+a)y_1+cay_0)\end{aligned} \qquad ②$$

$$\begin{aligned}&y_n-(a+b)y_{n-1}+aby_{n-2}\\&\qquad=c^{n-2}(y_2-(a+b)y_1+aby_0)\end{aligned} \qquad ③$$

スゴイわね」

「あとは ①, ②, ③ を連立させ，y_n を求めるだけ．いや y_{n-2} を求めるのがやさしそう」

「クラーメルの公式で？」

「そんな大げさなものに頼らずとも，加減法で十分なようですよ」

「やってみるわ．①−② を作ると

$$\begin{aligned}(a-b)y_{n-1}-(a-b)cy_{n-2}&=(a^{n-2}-b^{n-2})y_2\\&=y_2(a^{n-2}-b^{n-2})-\cdots\cdots\end{aligned}$$

」

「ちょっと待った．y_n, y_{n-1} を一気に消去できそう．①，②，③ に順に $b-c,\ c-a,\ a-b$ をかけてたすと …… これはうまい．y_n, y_{n-1} の係数がゼロ」

「鮮か．でも，y_{n-2} を求めるよりは y_n を求めるのがよいのでしょう．名案が浮んだ．①，②，③に順に $a^2(b-c), b^2(c-a), c^2(a-b)$ をかけてたすと y_{n-1} と y_{n-2} の項が消えますわ」

「負けた．そのほうがよい」

「
$$
\begin{aligned}
y_n \text{ の係数} &= \sum a^2(b-c)\\
&= -(b-c)(c-a)(a-b)\\
y_{n-1} \text{ の係数} &= -\sum a^2(b^2-c^2)=0\\
y_{n-2} \text{ の係数} &= abc\sum a(b-c)=0
\end{aligned}
$$

次は右辺です．

$$y_2 \text{ の係数}=\sum a^n(b-c)$$

オイラーの分数式 $\varphi(n)$ の分子が現れた」

「y_n の係数をDとすると $D\varphi(n)$ に等しいから

$$y_2 \text{ の係数}=D\varphi(n)$$

と表してみようか」

「 y_1 の係数 $=-\sum a^n(b+c)(b-c)$

これはオイラーの分数式と結びつかない」

「いや，変形次第，$b+c=p_1-a$ だから

$$
\begin{aligned}
y_1 \text{ の係数} &= \sum a^n(a-p_1)(b-c)\\
&= \sum a^{n+1}(b-c)-p_1\sum a^n(b-c)\\
&= D\varphi(n+1)-p_1D\varphi(n)
\end{aligned}
$$

ごらんの通り」

「その手にならって

$$
\begin{aligned}
y_0 \text{ の係数} &= \sum a^nbc(b-c)\\
&= abc\sum a^{n-1}(b-c)=p_3D\varphi(n-1)
\end{aligned}
$$

結局，最後の式は，両辺をDで割ると

$$y_n=y_2\varphi(n)-y_1(\varphi(n+1)-p_1\varphi(n))+y_0p_3\varphi(n-1)$$

ついに解けました」

「それが一般解で，y_0, y_1, y_2 の値を与えれば解が1つきまる」

「予想通り，オイラーの分数式のルーツは先の漸化式ですね．$y_0=y_1=0, y_2=1$ とおくと $y_n=\varphi(n)$，これも予想通り．(*) が完全に解けましたわね」

「人間のルーツは1つ．しかし数学のルーツはそうとは限らない．いまのはルーツの1つということで ……」

18
加法性を拡張すれば

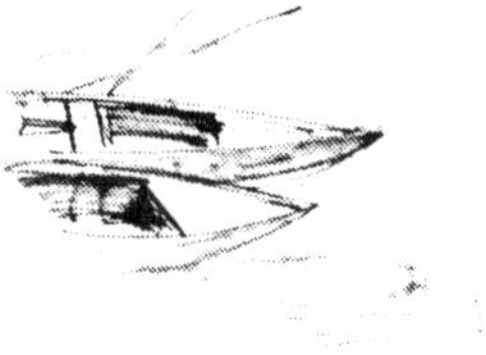

「しばらく …… 長いこと顔をみせなかったね．何をしてたのです」

「遊んでなんかいませんよ．目下，不等式にこっているところです」

「それが，君の得意な手作りの数学 ……」

「自信などないけど，必要に迫られて ……」

「必要は発明の母というからな ……」

「発明の母！　そんな大げさなものじゃないです．不等式と関数の関係 …… いや，不等式を関数で見直すことです」

「その着眼はいいね．不等式というのは，すべて，関数と縁があるからな ……」

「すべて，あるのですか，縁が？」

「探ればあるでしょう」

「でも，不等式には，代数的に証明するものが案外多いが」

「だからといって，関数と縁がないことにはならないね．たとえば3つの正の数の相加平均と相乗平均の大小関係

$$\frac{a+b+c}{3} \geqq \sqrt[3]{abc}$$

を高校では $a=x^3$, $b=y^3$, $c=z^3$ とおいて，$x^3+y^3+z^3-3xyz$ を因数分解して証明する．これは代数的ですが，微分法を習ったあとでは

$$x^3+y^3+z^3-3xyz$$

を x の関数とみて

$$f(x)=x^3-3yzx+y^3+z^3$$

とおいて，この最小値が0であることを示すために，x について微分するんじゃないですか」

「でも，やさしくはならない．それに微分法を持ち出すのは大げさですよ」

「君は，すぐに，難しいとか，学生には無理だなどという．目標を見失っているのではないのか．難易は指導上の課題 …… 君がいま目標としているのは，不等式を関数で見直そうということで …… これは数学上の課題ですよ．それに，先の代数的方法は数が3個のときはうまくいったが，数が n 個の一般の場合はアウトだ」

「きびしいな．いつも，指導で苦労しているので，つい難易が ……」

「もっとスマートにやりたいなら，対数をとればよい．

$$\log\frac{a+b+c}{3}\geqq\frac{\log a+\log b+\log c}{3}$$

ここで関数 $f(x)=\log x$ を考えると

$$f\left(\frac{a+b+c}{3}\right)\geqq\frac{f(a)+f(b)+f(c)}{3}$$

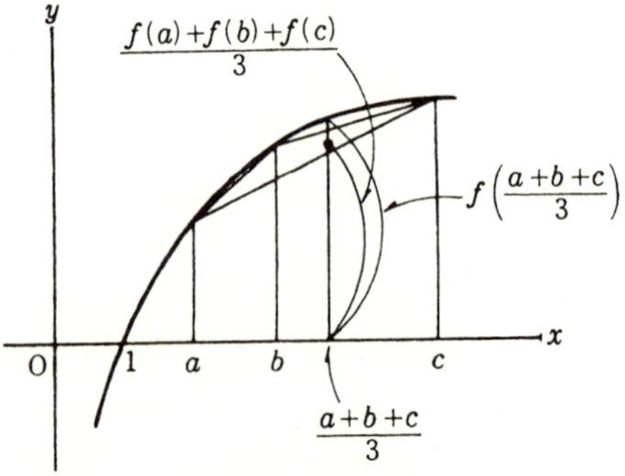

これは $\log x$ のグラフが下に凹であること，つまり凹関数であることから導かれる」

「でも，凹関数であることを示すには微分法を使うが」

「相変らず，君は，何かにこだわっているらしい．微分法恐怖症かな……」

「この気持 …… どういったらよいかな …… 自分でもわからない」

「手がやけるね．要するに時代遅れなのですよ．君のアタマは …….ニュートン，ライプニッツ以前とは，情けないね」

「僕の頭 …… 代数的で …… 解析的でないのかな …… ？」

「そんな大げさなことではないね．いわゆる石アタマですよ」

「石アタマ！　救われないな．関数，関数とあせってみても …… コーシーの不等式

$$(a_1{}^2+a_2{}^2+a_3{}^2)(b_1{}^2+b_2{}^2+b_3{}^2)\geqq(a_1b_1+a_2b_2+a_3b_3)^2$$

は関数とは無縁 …… ベクトル

$$\boldsymbol{a}=(a_1,\ a_2,\ a_3),\quad \boldsymbol{b}=(b_1,\ b_2,\ b_3)$$

で表すと $|\boldsymbol{a}|\cdot|\boldsymbol{b}|\geqq|(\boldsymbol{a},\boldsymbol{b})|$ だから，本格的代数派と思うが」

「いや，いや，それも浅はか．ベクトルの証明にも，関数を用いるエレガントな方法があったでしょうが」

「そんなのあったかな …… ？」

「情けないね．2 次関数

$$\begin{aligned} f(t)&=(\boldsymbol{a}t-\boldsymbol{b},\ \boldsymbol{a}t-\boldsymbol{b})\\ &=|\boldsymbol{a}|^2t^2-2(\boldsymbol{a},\boldsymbol{b})t+|\boldsymbol{b}|^2\geqq 0 \end{aligned}$$

を用いたでしょう．こんなのは高校でも，テキストによっては載っていると思うが」

「そうか．思い出した．2 次関数の値が負にならないことから判別式を用いて

$$(\boldsymbol{a},\ \boldsymbol{b})^2-|\boldsymbol{a}|^2|\boldsymbol{b}|^2\leqq 0$$

$$|\boldsymbol{a}|\cdot|\boldsymbol{b}|\geqq|(\boldsymbol{a},\ \boldsymbol{b})|$$

やっぱり不等式は関数と深い仲」

「こんな調子じゃ，くたびれるよ」

「見捨てないでほしいね」

「歌の文句みたいだ．ほら，あるでしょう．“十九の春”というのが．

いまさら離縁というならば，
もとの十九にかえしてよ．
…………………………
見捨て心があるならば
早く，お知らせ下さいな．
年も若くあるうちに，
思い残すな春の花．

どう，こんな女心？」

「僕は男ですよ」

「だから一層始末が悪い」

「思い残すな春の花 …… 同感です．若いうちに頑張らなくちゃ．しかし，関数，関数とあせってみても

$$\frac{a}{1+a}+\frac{b}{1+b}>\frac{a+b}{1+a+b} \qquad (a,b>0)$$

こんなのは代数的に …… 両辺の差をとれば証明は簡単 ……」

「信用しないよ．君のいうことは」

「では，やってみせる．

$$左辺-右辺=\frac{a+b+2ab}{(1+a)(1+b)}-\frac{a+b}{1+a+b}$$

$$=\frac{A}{(1+a)(1+b)(1+a+b)}$$

$$\begin{aligned}A&=(a+b+2ab)(1+a+b)-(a+b)(1+a)(1+b)\\&=a+b+(a+b)^2+2ab+2ab(a+b)\\&\quad-(a+b)-(a+b)^2-ab(a+b)\\&=ab(2+a+b)>0\end{aligned}$$

ごらんのとおり」
「きたないね．その解き方」
「きたない!?」
「そう．きたないよ．数学にも美しさがほしい．何はともかく，出来さえすればよいというのは入試の話 ……いや入試だって，きたない解よりは，きれいな解のほうが有利 ……」
「そういうものですか」
「そら，そうにきまってる．入社試験だって美人は得だ」
「不合理だな，世の中は ……」
「理想と現実は一致しない．それが現実の現実たるゆえん」
「そんな話は，関数とは無縁でしょう」
「いや，わからんよ．関数でみれば並の不等式が美しい不等式に変るかも知れない．関数

$$f(x)=\frac{x}{1+x} \qquad (x \geqq 0)$$

に目をつけてみようよ」
「関数記号で表すと

$$f(a)+f(b)>f(a+b)$$

たしかに，美しい形になった」
「われわれの目標は，この不等式を関数 $f(x)$ の特徴から導くこと．とにかく，$f(x)$ のグラフをかいてみよう」

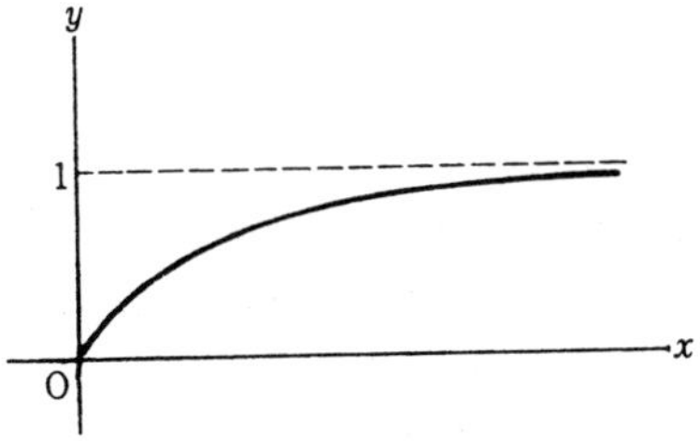

「この関数の特徴は，単調増加で，上に凸 …… そのほかに …… 原点から出発，すなわち $f(0)=0$ ……」

「$a \leqq b$ と仮定し，$x=a, b, a+b$ の点をグラフ上にとってみよう．上に凸の素朴な性質 …… いや定義というべきかな …… それは OA,

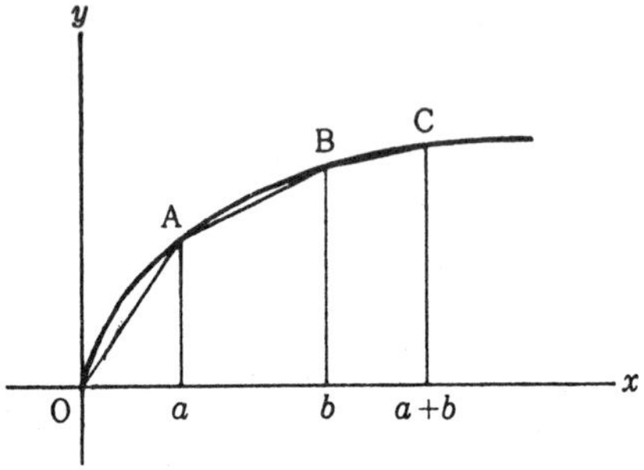

AB, BC の傾きが順に小さくなること

OA の傾き＞AB の傾き＞BC の傾き

これと，先の不等式はどう結びつくか」

「傾きを a, b, c で表してみる．

$$\frac{f(a)}{a} > \frac{f(b)-f(a)}{b-a} > \frac{f(a+b)-f(b)}{a}$$

しめた．中間の式を省けば

$$\frac{f(a)}{a} > \frac{f(a+b)-f(b)}{a}$$

$$f(a) > f(a+b)-f(b)$$

移項すれば，目的の不等式にピタリ」

「いや，これは貴重な収穫 …… 証明に用いた関数の特徴は“上に凸”と“$f(0)=0$”の2つ．まとめると，次の結論になるよ」

関数 $f(x)$ $(x \geqq 0)$ が上に凸で，かつ $f(0)=0$ ならば，正の2数

a, b に対して，次の不等式が成り立つ．

$$f(a)+f(b)>f(a+b)$$

「へんですよ」

「何がヘンなのです」

「$f(x)$ は増加であることを使わなかった」

「それは，この不等式は $f(x)$ の増減には関係がなく，上に凸にのみ依存するということ，一層素晴しいではないか」

「それにしても気持が悪い」

「分ったよ．もし $f(x)$ に減少の区間があって，次の図のようになったとすると $f(a)$ よりも $f(a+b)$ は小さいので，不等式

$$f(a)+f(b)>f(a+b)$$

の成立はあたり前，これでは興味がうすれる」

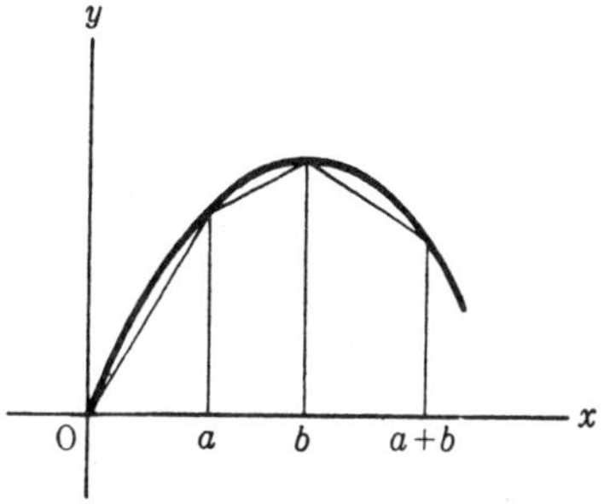

「なるほど，そうなっては応用もせまかろう．さて先のは上に凸の場合であった．もし下に凸ならば不等号の向きは反対になって，次の定理 ……」

関数 $f(x)$ $(x\geqq 0)$ が下に凸で，かつ $f(0)=0$ ならば，正の2数 a, b に対して，次の不等式が成り立つ．

$$f(a)+f(b)<f(a+b)$$

「定理の応用によって新しい不等式を導いてみようではないか」

「$f(x)=\sqrt{x}$ $(x\geqq 0)$ は上に凸で $f(0)=0$ だから

$$\sqrt{a}+\sqrt{b}>\sqrt{a+b} \qquad (a, b>0)$$

よく見かける不等式で，平凡」

「$\sin x$ は $0\leqq x\leqq\frac{\pi}{2}$ で上に凸で $\sin 0=0$ だから

$$\sin\alpha+\sin\beta>\sin(\alpha+\beta)$$

α, β の条件は $\alpha, \beta>0$，さらに $\alpha+\beta\leqq\frac{\pi}{2}$ を補う」

「定理を知らなかったとしたら証明は左辺から右辺をひいた差 d は

$$\begin{aligned} d&=2\sin\frac{\alpha+\beta}{2}\cos\frac{\alpha-\beta}{2}-2\sin\frac{\alpha+\beta}{2}\cos\frac{\alpha+\beta}{2} \\ &=2\sin\frac{\alpha+\beta}{2}\left(\cos\frac{\alpha-\beta}{2}-\cos\frac{\alpha+\beta}{2}\right) \\ &=4\sin\frac{\alpha+\beta}{2}\sin\frac{\alpha}{2}\sin\frac{\beta}{2}>0 \end{aligned}$$

三角関数の加法定理に弱い者にはムリ」

「$\tan x$ は $0\leqq x<\frac{\pi}{2}$ で下に凸で $\tan 0=0$ だから

$$\tan\alpha+\tan\beta<\tan(\alpha+\beta)$$

$$\left(\alpha>0, \beta>0, \alpha+\beta<\frac{\pi}{2}\right)$$

が成り立つはず．これを直接証明するのは後の楽しみとして …… 残しておこう」

「絶対値関数 $|x|$ では

$$|a|+|b|\geqq|a+b|$$

が成り立った．しかし，x は任意の実数 …… 先の定理と無縁とは，これいかに ……」

「定理は不等式の十分条件の 1 つに過ぎない．他の場合から不等式が導かれたとしても，不思議ではない．しかし，この不等式も凹凸と無縁ではない」

「へえ，これが凹凸と ……」

「なんでもないよ．両辺を2で割ってごらん．

$$\frac{|a|+|b|}{2} \geqq \frac{|a+b|}{2}$$

思い出すことがないか」

「分った．$y=|x|$ のグラフは下に凸，そこで，中点を用いると図から QH≧PH．いや，意外」

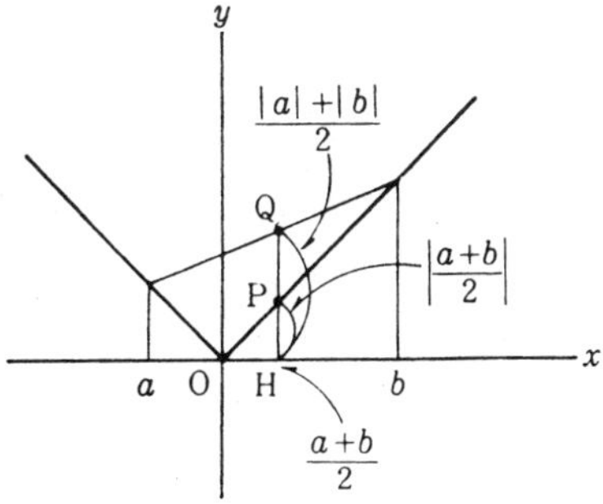

「対数関数 $\log x$ も上に凸であるが，$f(0)=0$ をみたさない．しかし $\log(1+x)$ ならば2つの条件をみたすから，a, b が正のとき

$$\log(1+a)+\log(1+b)>\log(1+a+b)$$

log を取り除くと

$$(1+a)(1+b)>1+a+b$$

なんだ．こんなシロモノ，骨折り損のくたびれもうけ」

× ×

「ここらで，加法性を振り返ってみようではないか．関数 $f(x)$ は，関数方程式

$$f(x)+f(y)=f(x+y)$$

をみたすとき，加法的ということは君も知っていよう」

「もちろん．その名はコーシーの方程式で，実関数の場合の解は $f(x)=ax$ であった」

「いや，実関数という条件だけでは十分でない．さらに連続であることを仮定すれば，その解になるのです」

「さきの不等式は加法性の等号を不等号にかえたもの …… 慣用の呼び名がありませんか」

「強，弱をつける人もおるが，慣用というほどのものでもないらしい」

「では，ここで，呼び名をつけようか．名付けの親とは悪くない．$f(x)$ が下に凸，すなわち凸関数のときは

$$f(x)+f(y)<f(x+y) \qquad (x, y>0)$$

であったから，これを **凸加法性** と呼ぶことにしよう．$f(x)$ が上に凸のとき，すなわち凹関数のときは

$$f(x)+f(y)>f(x+y) \qquad (x, y>0)$$

これは **凹加法性**と ……．チョンガーの僕が2児の親とは責任重大 ……」

「グラフでみると興味津々 …… 加法的なら原点を通る直線．この線を上に曲げれば凸加法的で，下に曲げれば凹加法性というわけだ」

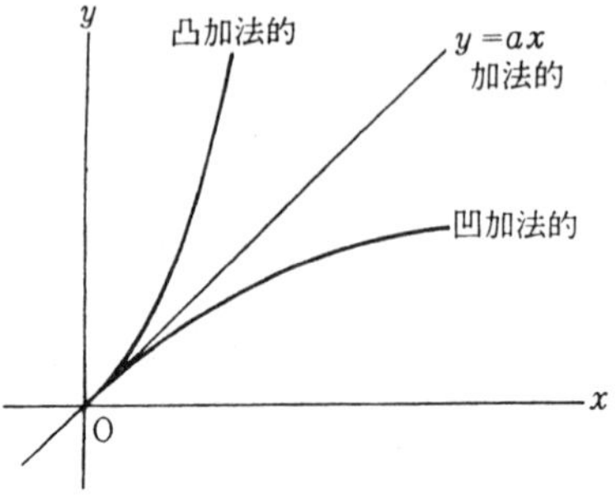

「ほう．この図で一段と見透しがよくなった．これぞイメージの有効性だ．きょうは万事，うまくいった」

「感激で涙ボロボロ …… 10分後にはケロリ …… なんていうのは女子学生が卒業式でやること．男は冷静に，次の収穫を目ざしたいですね．この図をみていると，上に凸のとき，グラフにそうて，点PをOから出発し右へ動かすとOPの傾きは減少することが読めませんか」

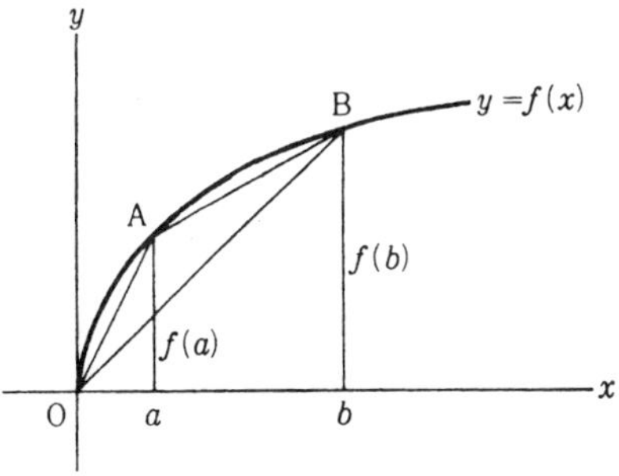

「見ためには，たしかに，そうなるが，確めないと不安 …… 素朴な定義に戻って確認しよう．$a<b$ とすると，上に凸ということは，

$$\text{OA の傾き}>\text{AB の傾き}$$

$$\frac{f(a)}{a}>\frac{f(b)-f(a)}{b-a}$$

分母を払うと

$$(b-a)f(a)>a\{f(b)-f(a)\}$$

両辺から $af(a)$ が消えて

$$bf(a)>af(b) \qquad \frac{f(a)}{a}>\frac{f(b)}{b}$$

なるほど，この式は，OAの傾きよりもOBの傾きは小さいことを表している」

「見方をかえれば，$f(x)$ $(x\geqq 0)$ から作った第2の関数

$$F(x)=\frac{f(x)}{x} \qquad (x>0)$$

は単調減少ということ」

「これは“$f(x)$ が上に凸”の別表現なのだから，不等式 $f(a)+f(b)>f(a+b)$ の証明に用いられるはず」

「同感，当ってみるよ．$a,b>0$ とすると

$$a<a+b \quad から \quad \frac{f(a)}{a}>\frac{f(a+b)}{a+b}$$

$$b<a+b \quad から \quad \frac{f(b)}{b}>\frac{f(a+b)}{a+b}$$

2式に，それぞれ a,b をかけて加えると

$$f(a)+f(b)>f(a+b)$$

ズバリ，出た．目的の不等式が ……」

「この方法を用いれば，君の最初の汚名は払いそうだ」

「汚名とは？　ああ，あの，汚い計算のことか」

「そう」

「$a,b>0$ のとき

$$\frac{a}{1+a}+\frac{b}{1+b}>\frac{a+b}{1+a+b}$$

の証明であった．ここで $f(x)=\dfrac{x}{1+x}$ だから，

$$F(x)=\frac{f(x)}{x}=\frac{1}{1+x} \qquad (x>0)$$

これは，あきらかに減少関数．そこで

$$a<a+b \quad から \quad \frac{1}{1+a}>\frac{1}{1+a+b} \qquad ①$$

$$b<a+b \quad から \quad \frac{1}{1+b}>\frac{1}{1+a+b} \qquad ②$$

①$\times a+$②$\times b$ を作ると

$$\frac{a}{1+a}+\frac{b}{1+b}>\frac{a+b}{1+a+b}$$

なるほど，美しい …… この証明は ……」

「手作りの内容はしれたものだが，証明の美しさというものを知った．これは得がたい収穫と思うね」

（著者紹介）
石　谷　　　茂

大阪大学理学部数学科卒
著　書　記号論理学入門，集合と数学の構造，数学の位相構造，アルゴリズムと数学教育（以上，明治図書）
記号論理とその応用（大阪教育図書）
複素数とベクトル（東京図書）
現代数学と大学入試，群論，２次行列のすべて，数学ひとり旅，（現代数学社）
現住所　東京都武蔵野市吉祥寺東町2-41-7

Dim と Rank に泣く

2007年９月７日　新版第１刷発行

著　者　石　谷　　　茂
発行所　株式会社　現　代　数　学　社
〒606-8425　京都市左京区鹿ケ谷西寺之前町１番地
TEL&FAX　075-751-0727
http://www.gensu.co.jp/

印刷・製本　株式会社　合同印刷

検印省略

ISBN978-4-7687-0374-8